燃气行业从业人员专业教材

燃 气 管 网 工

江　建　李　刚　陆文美　主编
张燕文　主审

黄河水利出版社
·郑　州·

内 容 提 要

书根据燃气管网工岗位考核要求共设置6个学习任务，分别是学习任务1城市燃气管网巡查，学习任务2燃气管线探测作业，学习任务3燃气泄漏探测，学习任务4燃气管网抢修抢险，学习任务5燃气管道阴极保护系统检测，学习任务6燃气管道防腐层检测。全书配有丰富的图片，并配有练习题，可实现扫二维码在线答题。该书比较系统、全面地阐述了燃气管网工的行业要求，是一本实用性和操作性较强的燃气专业新形态一体化基础教材。

本书可作为燃气行业相关管理人员和燃气相关企业员工培训学习的专业资料，还可作为中、高等职业院校燃气专业学生的学习教材。

图书在版编目(CIP)数据

燃气管网工/江建，李刚，陆文美主编．—郑州：黄河水利出版社，2018.4

燃气行业从业人员专业教材

ISBN 978-7-5509-2025-5

Ⅰ.①燃…　Ⅱ.①江…　②李…　③陆…　Ⅲ.①城市燃气-管网-检修-技术培训-教材　Ⅳ.①TU996.6

中国版本图书馆CIP数据核字(2018)第088670号

组稿编辑：谌莉　电话：0371-66025355　E-mail：113792756@qq.com

出 版 社：黄河水利出版社

地址：河南省郑州市顺河路黄委会综合楼14层　邮政编码：450003

发行单位：黄河水利出版社

发行部电话：0371-66026940、66020550、66028024、66022620(传真)

E-mail：hhslcbs@126.com

承印单位：河南承创印务有限公司

开本：787 mm×1 092 mm　1/16

印张：12

字数：280千字　印数：1—1 000

版次：2018年4月第1版　印次：2018年4月第1次印刷

定价：40.00元

前 言

为协助相关管理部门、培训机构和企业推动燃气经营从业人员专业培训工作的顺利开展，不断提高燃气从业人员整体素质和技能水平，切实完成住房和城乡建设部2014年制定的相关培训考核任务，我们通过深入调研具有代表性的燃气企业和组织一线员工座谈，决定紧扣《城镇燃气管理条例》和《燃气经营企业从业人员专业培训考核管理办法》，采用工学结合、以行动为导向的现代教学方法，组织编写《燃气管网工》，作为从事燃气管网运行管理相关工作的培训教材，也可作为中、高等职业学校燃气专业学生的教材。

本书由"城镇燃气管网巡查"、"燃气管线探测作业"、"燃气泄漏探测"、"燃气管网抢修抢险"、"燃气管道阴极保护系统检测"和"燃气管道防腐层检测"6个学习任务组成。其中"城镇燃气管网巡查"主要介绍燃气管网日常巡查、第三方施工处理；"燃气管线探测作业"主要介绍燃气探管工具的使用和探管流程；"燃气泄漏探测"主要介绍燃气泄漏探测工具的使用、探漏作业流程等；"燃气管网抢修抢险"主要介绍燃气管网抢修流程及作业要点；"燃气管道阴极保护系统检测"主要介绍阴极保护系统的检测；"燃气管道防腐层检测"主要介绍防腐层检测工具使用、数据分析及处理等。通过学习，读者能够具有燃气探管、探漏、巡查、抢修等燃气管网运行岗位工作的知识和能力，能熟练运用各种工具、选择正确的方法、按照正确的操作规程进行燃气运行维护、抢维修等。

本书由陆文美、江建、李刚主编，张燕文主审，肖淑衡、蔡全立、祝为鼐、欧昱杰、李业庆、滕东飞等参编，其中学习任务1由李刚编写，学习任务2由李刚、陆文美、李业庆编写；学习任务3由江建、肖淑衡、欧昱杰编写；学习任务4由江建、滕东飞、蔡全立编写；学习任务5由江建、肖淑衡、祝为鼐编写；学习任务6由江建、李刚、蔡全立编写。全书由江建、陆文美统稿，同时得到了广州市教育研究院林韶春主任、柳洁教研员的倾情指导，以及港华投资有限公司山东港华培训学院院长王玲、深圳市燃气集团李鹏、方晓阳、薛士友、宋家才、黄嘉辉等同志的技术支持，在此一并表示感谢。

由于时间仓促，作者水平有限，书中难免有疏漏或错误，恳请读者指正，谢谢！

编 者

2018年2月

目　录

学习任务 1 城镇燃气管网巡查

学习目标

完成本学习任务后，你应当能

1. 能看懂巡查图并能识别燃气及其他市政、交通设施标识；
2. 根据巡查任务备齐巡查资料；
3. 按操作规程操作管网巡查工具；
4. 根据巡查图和巡查作业流程完成城市燃气管网巡查作业；
5. 根据地理和生态环境的变化准确识别燃气管网安全隐患；
6. 完成第三方施工对燃气管线破坏的作业流程的编写；
7. 完成巡查资料归档工作。

建议完成本学习任务为20课时

学习内容的结构

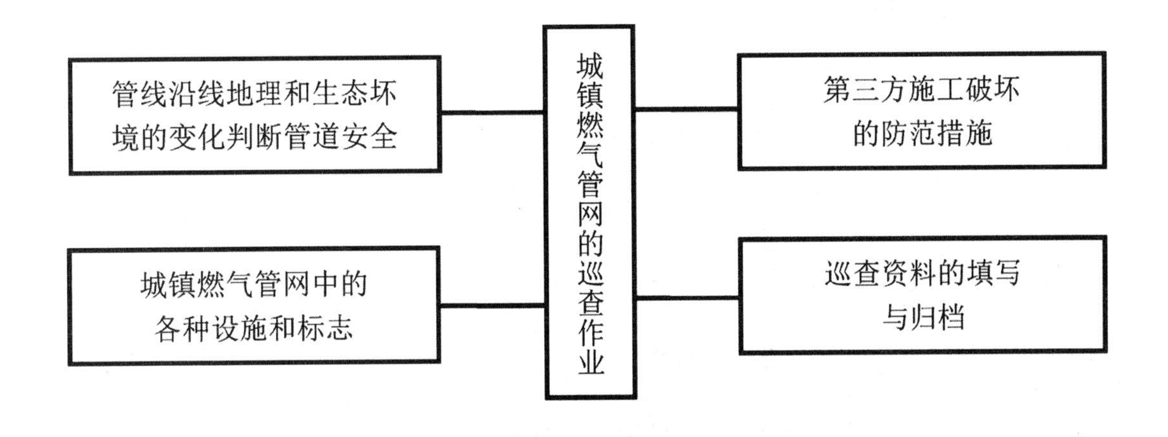

学习任务描述

本学习任务中，根据巡查计划，按照专业要求，进行管线及设施的巡查工作，在城镇燃气管网巡查中能明确指出燃气管网的各种安全隐患和对应的处置方法。

城市燃气对保障国民经济发展和人民生活水平的提高起到十分重要的作用。随着城市的发展，城市的地下燃气管道也在不断地延伸，配合城市的发展而不断地建设。在珠江三角洲的各大型城市都拥有庞大的燃气管网系统，例如深圳市燃气集团有限公司截止2014年10月，地下高压燃气管网达140公里，次高压燃气管网达188公里，中压燃气管网达2500公里。

城市燃气具有易燃、易爆和有毒的特点。一旦燃气设施发生泄漏，极易发生火灾、爆炸及中毒事故，使国家和人民生命财产遭遇损失。因此各级政府和社会对燃气安全运行日益关注，如何加强对燃气安全的管理，把事故防范于未然，是摆在燃气公司面前首要解决的问题。据燃气行业经验，引发地下燃气设施事故的主要因素是：管道腐蚀、第三方施工破坏（外力破坏）、设施设备自身故障、运行管理失误等问题。为了保护国家和人民生命财产的安全，必须加强对燃气设施的巡查巡检，及时对有安全隐患管道进行抢维修；防止火灾、爆炸、中毒等安全事件的发生。而城市燃气设施的巡查作业是确保城市燃气设施安全生产、保证城市燃气正常供应、防范安全事故发生的重要手段。

一、学习准备

*1.燃气管网巡查前的准备工作。

为了燃气管网巡查工作能顺利进行，燃气管网巡查员在巡查作业前应按企业的相关要求着装、准备工具、带齐有关资料才能实施燃气管网巡查作业。

1.1着装

燃气管网巡查员在管辖区域内出勤巡查时，必须按照燃气公司内部关于仪容仪表的指引穿着（图1-1）。一般出勤着装由工作服、工作鞋、安全反光背心、安全帽和工牌组成。

⑴工作服、工作鞋：既能在工作过程中表明身份，又能对巡查员起到身体保护作用。特别是在山地进行次高压管线巡查时，能防止被蛇虫叮咬，也可避免被树枝刮伤躯干。

⑵安全反光背心：反光背心主体由网眼布或平纹布制成，反光材料是反光晶格或高亮度反光布。反光背心的反光效果好，有良好的警示作用，确保巡查员无论在白天还是晚上作业都能得到良好的保护。

⑶安全帽（进入工地使用）：安全帽是用来保护头顶而戴的钢制或类似原料制的浅圆顶帽子，防止冲击物伤害头部的防护用品。帽壳呈半球形，坚固、光滑并有一定弹性，打击物的冲击和穿刺动能主要由帽壳承受。帽壳和帽衬之间留有一定空间，可缓冲、分散瞬时冲击力，从而避免或减轻对头部的直接伤害。

⑷工号牌（工作证）：身份的主要标识文件。工号牌上标有巡查员的编号和燃气公司监督电话，以便群众对巡查员监督。

图1-1 工作服穿戴图

1.2常用的巡查交通工具

据调查，燃气管网巡查员工作量较大，平均每周需对60～70公里辖区内的燃气管道巡查两遍。由于各辖区内的地理情况有所不同，为了提高巡查作业的效率，燃气公司会为每位巡查员配备适合其管辖区域情况的交通工具。

⑴中（低）压管网巡查用交通工具

中（低）压管网多为城市市政道路或老城区街巷内的地下管道，这些地区的管网多以环枝状分布，管网密集，所在的城镇（老城区或小区）道路较窄并人流量较大。

中（低）压管网巡查常用的交通工具以摩托车和自行车为主。采用机动车巡查时速应低于 20 公里/小时，以便对路上的燃气管道、设备进行肉眼的外观检测。

图1-2 管网巡查用的摩托车

⑵高压（次高压）管网巡查用交通工具

高压（次高压）管网巡查区域主要分布在城市的外围和较偏远的丘陵山地，多为城市外围的高速公路、国道、菜地、丘陵山地上。管网一般由起点一条直线敷设到终点，管网较长并单一，所在的道路路面交通较为复杂。

高压（次高压）管网巡查的交通工具不宜使用自行车这类速度较慢的交通工具，选择使用工程车和摩托车为宜。采用机动车巡查时车速不宜过快，车速应低于20 公里/小时。

图1-3 管网巡查用的自行车\电动单车

图1-4 管网巡查用工程车

1.3巡查时应带备的资料

燃气管网巡查员应熟悉相关的法律、法规和巡查区域的基本资料，以做到心里有底，这样才能事半功倍地完成上级领导安排的巡查任务。

（1）法律、法规文件

燃气管网巡查员应熟悉巡查时需要使用的相关法律、法规。在执行巡查任务

时，要准备并随身携带这些文件，以便在出现突发事件的时候能依法依据对有可能威胁燃气管网运营安全的人员进行提醒、警告，如《石油天然气管道保护条例》、《城镇燃气设计规范》。

图1-5　巡查时应带备的资料

（2）地方政府法律、法规

各级地方政府都会制定一些保护燃气管道及设施的法律法规，以便根据各个地方的实际情况对燃气管道及设施进行保护。例如，广东省人民政府和各地市政府制定了如《广东省人民政府[2008]1号文件—关于加强输油气管道设施安全保护工作的通告》、《某某市燃气条例》、《某某市燃气管道设施保护办法》等的法律法规。

（3）企业内部技术文件

企业内部技术文件是巡查专用技术文件，如《某某市燃气有限公司地下燃气管网及设施巡查巡检技术指引》。

针对上述各级文件，燃气管网巡查员要明确以下几点：

①管道设施是国家重要的基础设施，受法律保护，任何单位和个人都有保护管道设施和管道输送的石油、天然气的义务。对于侵占、破坏、盗窃、哄抢管道设施和管道输送的石油、天然气以及其它危害管道设施安全的行为，有权制止并向公安机关举报。

②违反条例及通告有关规定，危害管道设施安全的行为，应当承担法律责任，构成犯罪的，依法追究刑事责任。

请写出下表(1-1)的文件属于什么的规范：

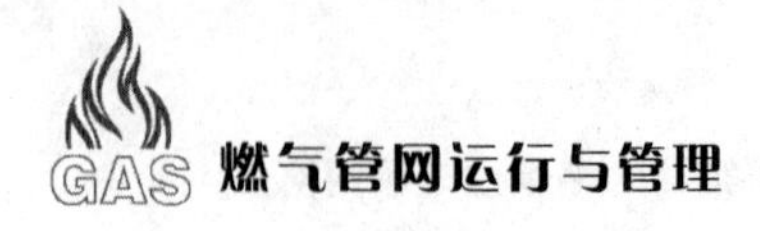

表1-1

地下次高压燃气管道及设施巡查巡检技术指引

中华人民共和国国家标准 GB

城镇燃气设计规范
Code for design of city gas engineering

1993-03-15 发布　1993-11-01 实施

国家技术监督局
中华人民共和国建设部　联合发布

深圳市建设局文件

关于印发《深圳市燃气管道设施保护办法》的通知

深圳市燃气条例

广东省人民政府文件

广东省人民政府关于加强输油气管道设施安全保护工作的通告

石油天然气管道保护条例

（4）巡查图、巡查记录本、笔、记事本

①巡查图

巡查图是巡查人员必备的基本资料之一。燃气管网巡查员根据巡查图了解巡查过程中管道及附件的大概情况。

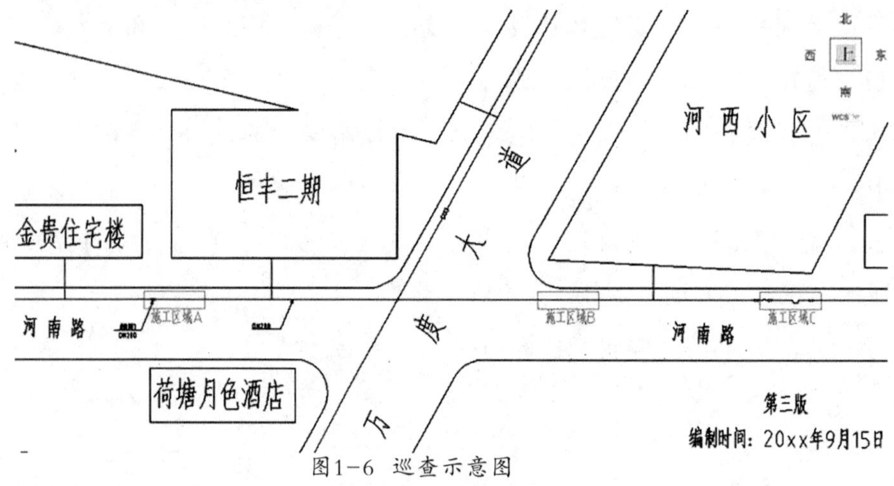

图1-6　巡查示意图

巡查图是为了帮助巡查员了解：①辖区内燃气管道的位置、管径大小、管道材质；②燃气管网系统设施（如阀室、阀井）的位置；③燃气管网系统曾进行维修、碰口等抢维修工程的位置和时间。

知识拓展

位置确定方法：将管网巡查图转换各种不同的方向与角度，与周围的道路和建筑物比对，完全符合时，就可以一目了然地找出身处的地方，然后对照着管网巡查图标识的位置，将需要巡查的燃气管网的埋设标志找出来从而对该段燃气管网进行巡查。

②巡查记录本

巡查记录本包括：中压巡查记录表格，如《地下中压燃气管网巡查记录表》、《地下中压燃气管网阀门巡查记录表》、《地下中压燃气管网凝水器巡查记录表》；次高压巡查记录表格，如《天然气高压次高压管道巡查记录表》、《天然气高压次高压阀井巡查记录表》、《天然气高压次高压阀室巡查记录表》、《山地管网巡查记

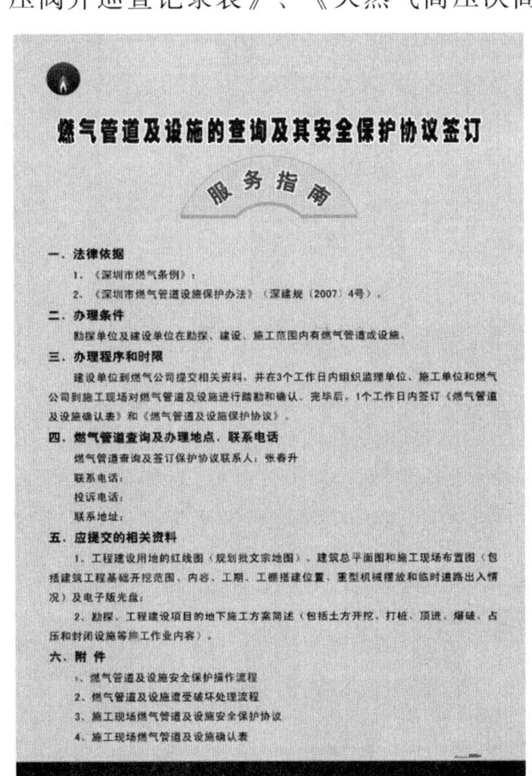

燃气管道及设施的查询及其安全保护协议签订

服务指南

一、法律依据

1、《深圳市燃气条例》；

2、《深圳市燃气管道设施保护办法》（深建规〔2007〕4号）。

二、办理条件

勘探单位及建设单位在勘探、建设、施工范围内有燃气管道或设施。

三、办理程序和时限

建设单位到燃气公司提交相关资料，并在3个工作日内组织监理单位、施工单位和燃气公司到施工现场对燃气管道及设施进行踏勘和确认，完毕后，1个工作日内签订《燃气管道及设施确认表》和《燃气管道及设施保护协议》。

四、燃气管道查询及办理地点、联系电话

燃气管道查询及签订保护协议联系人：张春升

联系电话：

投诉电话：

联系地址：

五、应提交的相关资料

1、工程建设用地的红线图（规划批文宗地图）、建筑总平面图和施工现场布置图（包括建筑工程基础开挖范围、内容、工期、工棚搭建位置、重型机械摆放和临时道路出入情况）及电子版光盘；

2、勘探、工程建设项目的地下施工方案简述（包括土方开挖、打桩、顶进、爆破、占压和封闭设施等施工作业内容）。

六、附　件

1、燃气管道及设施安全保护操作流程

2、燃气管道及设施遭受破坏处理流程

3、施工现场燃气管道及设施安全保护协议

4、施工现场燃气管道及设施确认表

图1-7 燃气管道保护协议

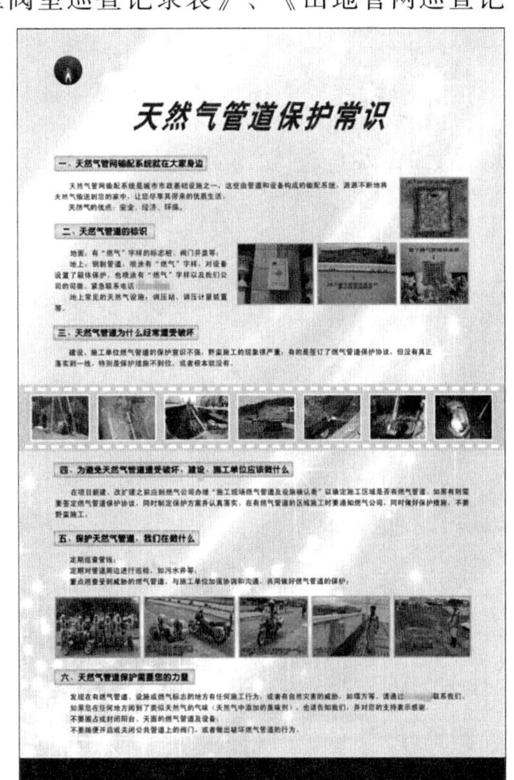

图1-8　宣传手册

录表》。

⑸宣传单张

《施工现场燃气管道及设施安全保护协议》、《隐患告知函》、《安全隐患整改通知单》是针对第三方施工单位，要求其文明施工，安全有效的适时保护好燃气管道和设施而采用的强制性文件。

(6)简要应急预案、联络通讯录

简要应急预案是燃气管网巡查员在遇到突发情况（如燃气管道及设施遭到破坏）时，给予一定处理提示，使燃气管网巡查员能有效及时地处理而采取的临时措施的指引文件。

联络通讯录是公司内部人员的联系方式，以便燃气管网巡查员在遇到突发情况时能马上联系相关的作业人员。通讯录上最先列出的是巡查组、调度中心和抢修组的相关号码。

1.4巡查时应带备的工具

管网巡查是常用工具主要包括：手持式可燃气体检测仪（俗称黄枪）、装有检

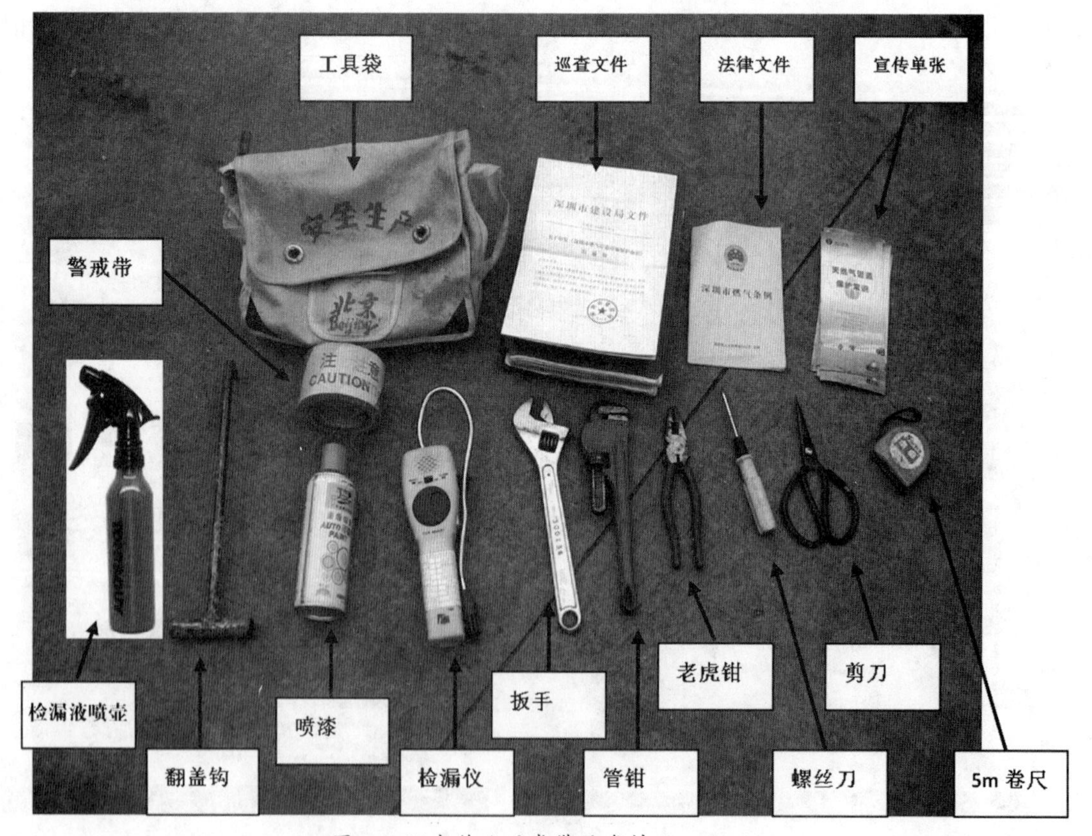

图1-9 巡查作业时常带的资料及工具

漏液的喷壶、阀门操作杆、翻盖钩、管钳、活动扳手、老虎钳、螺丝刀、剪刀、卷尺、喷漆、警戒带等工具。

（1）检漏液

检漏液一般用于对燃气管道及阀门的连接处进行检漏。利用毛刷或喷壶将检漏液涂抹或喷洒在燃气渗漏的疑点处，通过观察检漏液是否产生气泡从而判断燃气管道及阀门的渗漏的情况。

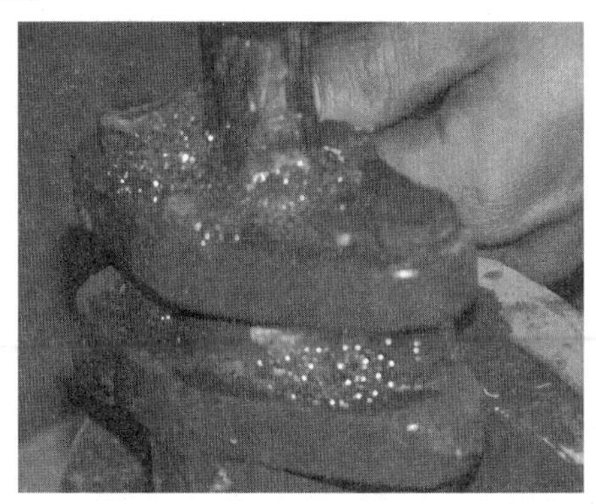

图1-10 检漏液进行检漏

（2）手持式可燃气体检测仪

手持式可燃气体检测仪俗称黄枪，检测原理是电化学式和催化燃烧式，采样方式是吸入式，通过探头吸入气体样品，气体检测元件是专用传感器。手持式可燃气体检测仪是常见的燃气浓度检测的便携式仪器，常用于阀门井（室）、户内管道及管道接头、管道沟槽进行燃气浓度的检测操作。手持式可燃气体检测仪的作用是能迅速自动连续检测气体样品中可燃气体的浓度，当探测到可燃气体的浓度达到设定

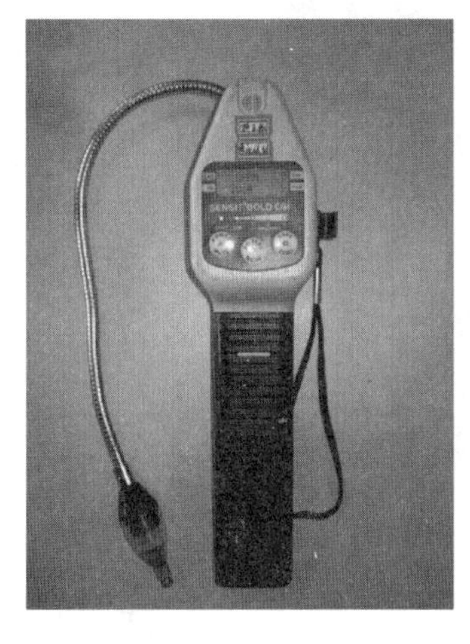

图1-11 手持式可燃气体检测仪（黄枪）

图1-12 操作检测仪检测井内的燃气浓度

的报警值时，会发出报警。

知识拓展

手持式可燃气体检测仪（下称：黄枪）的使用方法

1.将黄枪探管从卡扣取出；

2.在新鲜空气中开扣，双手握持仪表，用两手大拇指同时拨动转盘旋盘旋钮，将声音调到最小处。

3.进入检测现场，双手大拇指慢慢拨动转盘旋钮，将声音调到“嗒、嗒、嗒”间断响的临界状态，然后将探头伸到检测区域。

4.如果黄枪发出声音，说明有可燃气体，这时将声音调到“嗒、嗒、嗒”间断响的临界状态，继续探测，如此反复，最后有响声的地方，即为燃气泄漏的地点。

5.使用完毕，不能马上关机，将仪表置于新鲜空气中，转盘旋钮拨到最小，待声音消失，红灯灭，此时便可关机。

（3）翻盖钩

由于阀门井盖常用的材料多为水泥和铸铁，这些材质的井盖较重，而井盖与井环的缝隙较小，所以无法赤手或使用一般的工具将阀门井盖打开、移动。而必须使用专用工具：翻盖钩。

图1-13 翻盖钩操作示范图

知识拓展

打开阀门井井盖的方法

1.打开阀门井盖前应检查阀门井盖、井边是否完好。

2.将翻盖钩装入井盖上的空洞。

3.1或2人共同用力将井盖打开。操作时用力要沉稳，切忌急躁，以免产生火花或拉伤肌肉。

（4）喷漆

喷漆瓶主要用于 临时性设置警示性标志 ，给第三方施工单位标识燃气管道的位置。

图1-14 临时性警示标志

图1-15 备用小药箱

（6）备用小药箱

在巡查工程车上还会配备一个备用小型药箱。小型药箱内一般配备藿香正气丸、跌打药油 、止血贴 、绷带 等应急药品，以防燃气管网巡查员在山地巡查作业时感到身体不适或意外受伤时可用小药箱进行应急护理。

二、计划与实施

*2.对埋地燃气管道及设施巡查。

由于燃气管网大都是埋设在道路下，属于隐蔽工程（燃气管道的埋设深度为：行车道 0.9 米，非行车道或人行道 0.6 米，绿化带 0.3 米）。燃气管网巡查员无法直接用肉眼去观察判断燃气管网的运营状况。如果发生燃气泄漏，泄漏的燃气会沿地下土层空隙扩散，使检查工作十分困难。

埋地燃气管道及设施巡查分级 表1–2

等级	情况分类	巡查周期	相关要求	协调记录
一级	1.1安全控制范围内从事绿化、挖掘、打桩、顶进、钻探、开路口、爆破等施工活动，且未签订《保护协议》的。 1.2安全保护范围内从事人工挖掘、重车碾压、顶进、开路口等施工活动。	2次/1日旁站监护	1.1巡查人员按2次/日的频次进行巡查，管网运行工程师或安全员按1次/日的频次到场监督，并督促建设单位、施工单位尽快签订保护协议； 1.2巡查人员现场蹲点进行巡查。	根据情况1次/1日或1次2日，拒签的现场拍照取证，并及时上报至相关部门和政府行政主管部门。
二级	2.1新投入运行、漏气或抢修后修复的管网在供气24小时内。重点区域在重大节假日期间及前五天内、举办各种大型社会活动的场所（如区府礼堂）在活动期间及前五天内。 2.2暴雨、台风等恶劣天气时，管道周边存在塌方、滑坡、下陷、裸露等危及安全运行的情况。 2.3安全控制范围内从事绿化、挖掘、打桩、顶进、钻探、开路口、爆破等施工活动。 2.4担负5000户供气任务的枝状管道，担负重大、重要或特殊供气需求商业客户(如陶瓷厂、发电厂、食品厂等)供气任务的枝状管道。	1次/1日 1次/1日	2.1采取步行，巡查人员须按巡检规程进行浓度探测； 2.2管网运行工程师在恶劣天气来临前到现场评估危险。并制定防范措施； 2.3采取摩托车方式巡查。 2.4采取摩托车方式巡查	1次/1周
三级	3.1已建成、通气6个月内住宅小区和工业用户的庭院管网。且该区域续建施工范围不在管道安全控制范围内。 3.2正常运行的市政燃气管道。	1次/2日	3.1采取自行车方式巡查，询问管理处小区是否有危及管道安全运行的施工活动，如植树、绿化、维修地下管网(给排水、消防、电信、强电、弱电等管线）等，并签订《小区巡查联系函》（每年1次）；重大节假日前须巡查1次。 3.2采取自行车方式巡查。	无须签订

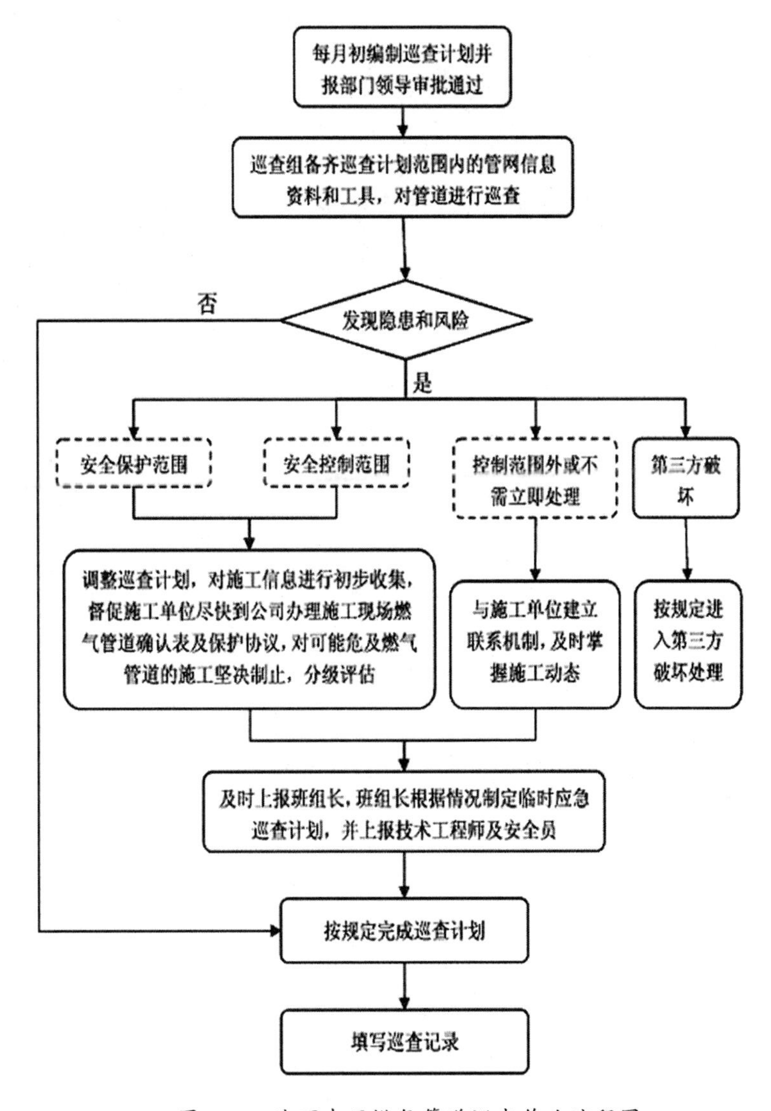

图1-16　地下中压燃气管道巡查作业流程图

2.1.每月按公司编制的任务书定期使用燃气泄漏检测仪对沿线的土壤中燃气浓度进行检测

根据公司巡查组的领导当月编制的巡查安排，管线巡查员对某主干道路下的燃气管道进行钻孔检测。管线巡查员根据巡查图对指定的主干道路下的燃气管道上方的地面每隔 2~6 米钻一孔，用嗅觉或检漏仪进行检查。

根据巡查图或施工竣工图查对钻孔处的管道埋深，防止钻孔时损坏管道和防腐

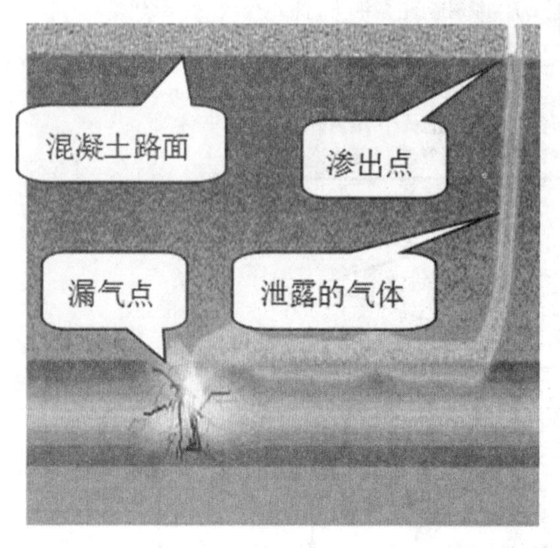

图1-17 燃气通过土壤间隙泄漏到地面

图1-18 钻孔检漏

层。发现有燃气泄露时，再用加密孔眼判别浓度，判断出比较准确的漏气点。对于铁道、道路下的燃气管道，可通过 阀门井 、 检漏井 、 检漏管来检查漏气情况。

如果燃气泄漏报警器发出报警，但巡查员却无法确定燃气泄漏位置，管线巡查员需向公司主管领导报告，请求领导安排的施工单位用 挖深坑检查 方法对管道检查。施工单位在接到工作命令后，安排设备对疑似燃气泄漏点进行挖深坑，并分析可能影响管道漏气的各种原因，先在管道位置或接头位置上挖深坑，露出管道或接头

图1-19 挖深坑检查

，检查 漏气点 。管线巡查员根据坑内燃气浓度大致确定漏气点的方位。

2.2 通过观察沿线的地理和生态变化判断燃气管道存在的安全隐患

除了利用设备定期对地下燃气管道进行燃气泄漏的探测，巡查员也可根据燃气管道沿线的地质变化而判断地下的燃气管道是否安全。

2.2.1 自然因素造成的地理变化

案例1：由于地理环境造成的管道断裂安全事故

图1-20 路面出现裂纹

某市的一段燃气管网铺设在繁忙的马路边上。在长期有严重超载的车辆行驶的情况下，路面出现了大量的 裂纹 （图1-20)。一段时间后，可能由于自来水管受到超载车辆的严重挤压，导致管道破裂，出现了 路面裂纹渗水 （图1-21）。但由于该区域的管网巡查员麻痹大意没有及时发现问题，错失了对该段燃气管道进行保护的时

图1-21 路面裂纹发生渗水

图1-22 路面发生塌陷

机。在一次的大雨过后管道所在的路面发生 塌陷 （图1-22），造成燃气管道断裂的严重事故。该事故导致附近两千多户居民用户停气，造成重大经济损失。

案例2 由于大雨导致的地质变化（见图1-23）

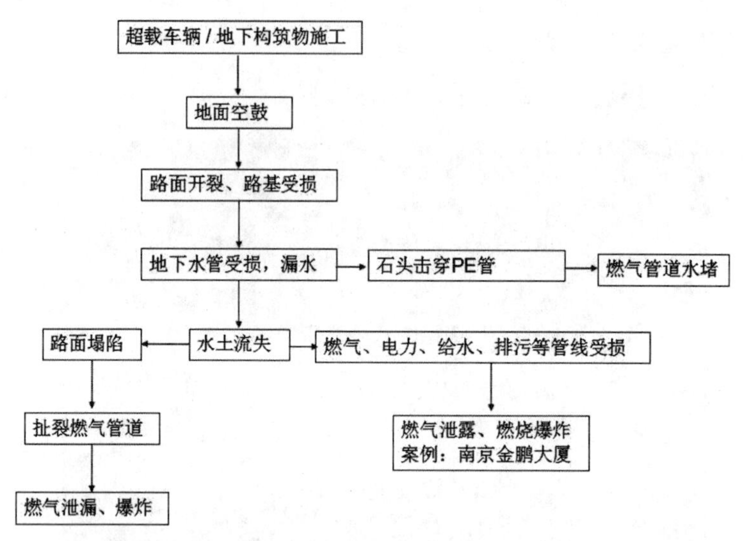

图1-23 路面开裂导致的连锁燃气管道运行事故

珠江三角某城市，7月是该城市的台风季节。管线巡查员肖某在例行的管线巡查时发现所管辖的区域中有一段燃气管道所在的小山坡边上的泥土与平时有所不同。山坡（图1-24）上方出现了 后缘 ，坡中隐隐约约出现了 横向裂纹 ，坡脚出现了 放射状的裂纹 ，这正是 滑坡 的先兆。肖某马上向公司报告了此隐患，公司在接到报告后马上派工程师到现场勘察并派出抢修队对该山坡加固维修。可惜在工程未完成时

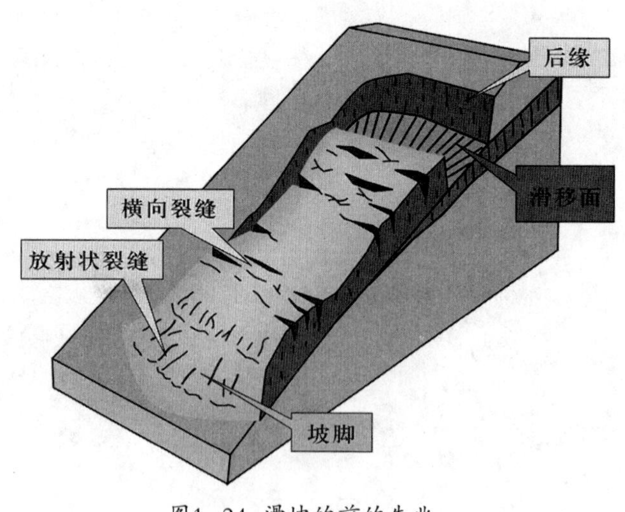

图1-24 滑坡的前的先兆

台风就来袭，山坡还是发生了（图1-24）塌方 事故。但由于肖某工作认真细致，在台风来临前及时将安全隐患汇报给公司，为公司赢得了一定的维修时间，从而使这次塌方事故对燃气管的影响十分微小，因此公司对肖某进行了表扬并给予一定的奖励。

知识拓展

路面塌陷

塌陷指地表岩、土体在自然或人为因素作用下向下陷落，并在地面形成塌陷坑（洞）的一种动力地质现象。产生塌陷的原因一般为：地下排水管，污水管破裂，邻近建筑施工，大雨，大旱引起的地下水位急剧变化等都可能引起地面塌陷。

塌方是建筑物、山体、路面、矿井在自然力非人为的情况下，出现塌陷下坠的自然现象。塌方的种类主要有雨水塌方、地震塌方、施工塌方等。

2.2.2人为因素造成的环境变化

案例3：由于违章构筑物导致燃气管道泄漏的事故

2001年，某市一住宅小区旁的一处违章建筑搭在煤气管道上。由于建筑物的重量和地质下沉的缘故，造成管道沉降断裂而泄漏，导致住在该建筑物内的5名人员煤气中毒，万幸的是没有发生燃气爆炸，中毒的5人经抢救后都康复出院。

下列燃气管道沿线常见的安全隐患，管线巡查员在巡查作业时应留意：

图1-25 在管线上方堆积垃圾/重物

图1-26 燃气地下管线沿线种植乔木

图1-27 管线上建临时或永久建筑物

图1-28 在燃气管道上悬挂标语

图1-29 燃气管线附近楼宇拆卸

图1-30 燃气管线附近进行爆破拆卸

请根据相关资料填写下列表格：

表1-3

人为地理变化	危害
在燃气管线上方堆积垃圾或重物(图1-26)	
燃气地下管线沿线种植乔木(图1-27)	

燃气管线地上建造临时性或永久性建筑物(图1-28)	
在燃气管道上悬挂标语或作拉索支撑点(图1-29)	
燃气管线附近进行楼宇拆卸作业(图1-30)	
燃气管线附近进行爆破作业(图1-31)	

知识拓展

乔木：树身高大的树木，由根部发生独立的主干，树干和树冠有明显区分。有一个直立主干，且高达通常在6米至数十米的木本植物称为乔木。

如在燃气管道附近种植深根植物（如榕树），它的发达的根部会对燃气管道缠绕，导致燃气管道受压或抢维修作业时比较困难。

灌木：没有明显的主干、呈丛生状态比较矮小的树木，一般可分为观花、观果、观枝干等几类，矮小而丛生的木本植物。

图1-31 乔木与灌木

2.2.3周围生态异常方面

在沿线巡查时，燃气管网巡查员还要留意管网附近的生态变化。

①如发现路边的植物出现不正常的落叶或枯萎，并产生异味，这有可能出现 管道受损燃气泄漏 事故，也有可能是附近居民违法倾倒 LPG残液、腐蚀性的酸碱液体等 。这些燃气管网安全隐患，应立即上报公司，安排抢修队抢险。

② 燃气管道附近工地的水坑或泥浆出现不正常地冒气泡 ，并有大量燃气味或臭鸡蛋的味道现象，这有可能是燃气管道被损坏，并发生燃气泄露的情况表现。

图1-32 路边植物无故落叶及枯萎

图1-33 泥浆出现气泡或水

2.2.4对地上燃气管道安全检查

加强对敷设在海边、河边、湖边或长期受水浸泡影响的地上燃气管道检查，因为管道长期处于潮湿的的环境容易出现 化学或电化学腐蚀 。当发现腐蚀情况时应及时通知公司派维修人员对管道进行维修。

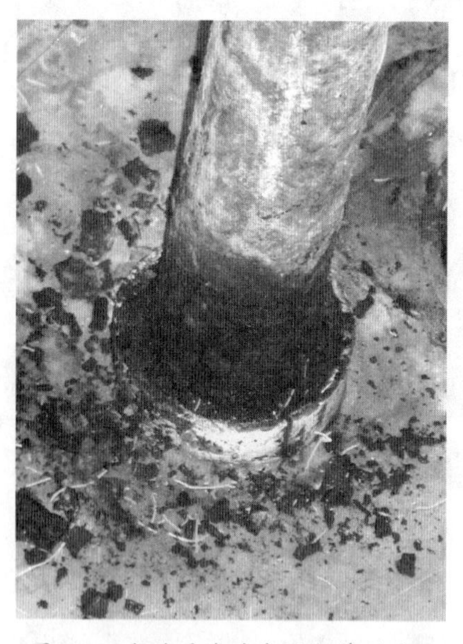

图1-34 水的浸泡造成燃气管道腐蚀

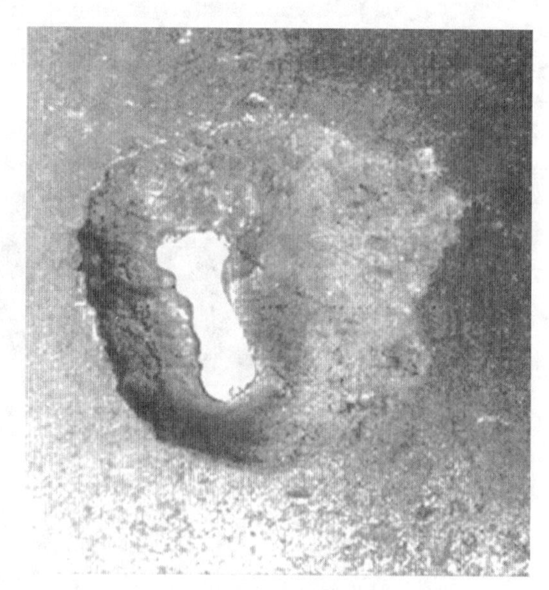

图1-35 钢质燃气管道腐蚀伤口

*3 预防第三方施工的破坏。

地下燃气管道受损大多是由第三方施工单位的破坏引起的。因此管线巡查员应多加注意管辖区域的情况，如发现有第三方施工的迹象应马上作出反应。

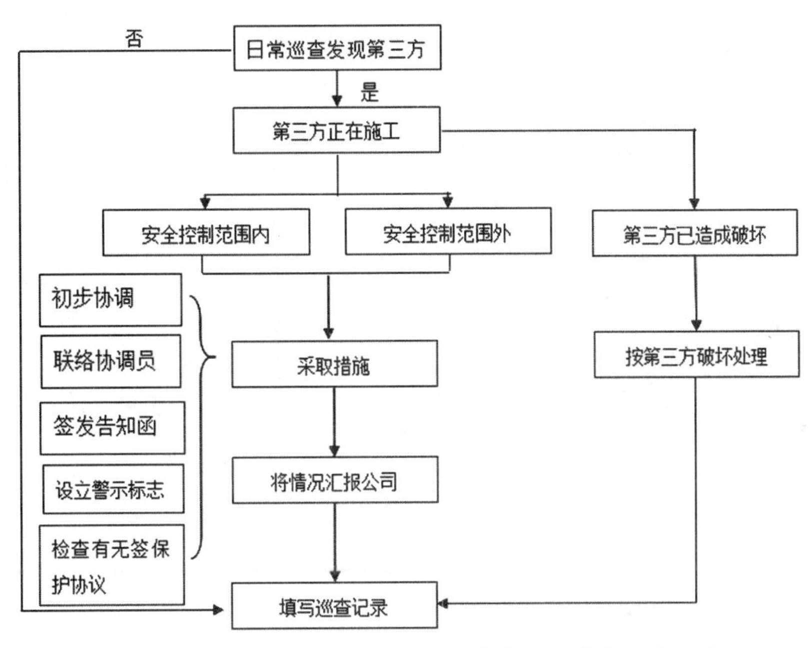

图1-36 预防第三方施工对燃气管线破坏的作业流程图

知识拓展

安全保护范围和安全控制范围			
管网类型	高压管网	次高压管网	中低压管网
安全保护范围	5m	2m	1m
安全控制范围	5m-50m	2m-10m	1m-6m

3.1常见的第三方施工对燃气管线有潜在危险的形式：

3.1.1查看第三方施工是否在燃气管道安全控制范围内

图1-37建筑基础深坑靠近燃气管

图1-38 马路边进行定向钻工

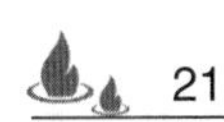

图1-39 燃气管道附近种植乔木

图1-40 燃气管线附近拆卸楼宇

图1-41 燃气管线附近爆破作业

如发现 建筑基础深坑靠近燃气管道 （图1-37）、 马路边进行定向钻 （图1-38）、燃气管道附近种植乔木 （图1-39）、燃气管线附近拆卸楼宇 （图1-40）、燃气管线附近爆破作业 （图1-41）在施工或准备施工，应根据现场的情况判断该工程是否会对燃气管道有直接或间接的影响。燃气管网巡查员应主动告知第三方施工单位 燃气管道的材质、管径和大约位置 ，并在地面使用喷漆标出 燃气所在的大约位置和测量得出的深度 。

知识拓展

港华燃气公司内部培训材料关于处理爆破工程的检测程序（所有爆破工程应优先处理）的指引（节选）

（1）小心及详细研究拟定的爆破地点与现有管道的最近距离。

（2）立即索取：开工日期、工地平整水平位置，每次使用炸药及评估由爆炸所产生的震动。

（3）合适管道与爆破工地的距离。

（4）爆破点与燃气管道距离50米内，微粒峰值速率少于25mm/s，6米内不得进行爆破。

（5）爆破点与敷设有燃气管的管沟60米内不得进行爆破。

（6）建议爆破公司尽量采取其他可行方案，如碎石机。

（7）建议爆破单位每次爆破用药适当减量。

（8）改善工作程序，如调校爆破的角度，降低震动波对燃气管道的传递。

（9）爆破作业前后对燃气管道进行检漏测试

（10）选择适当的位置试爆既监测试爆的震动波的强度以作为参考。

（11）每次爆破的震动力都应文字记录并存档，作为日后的参考。

（12）要求爆破公司定期提高震动力监测报告给予燃气公司评估燃气管道的安全性。

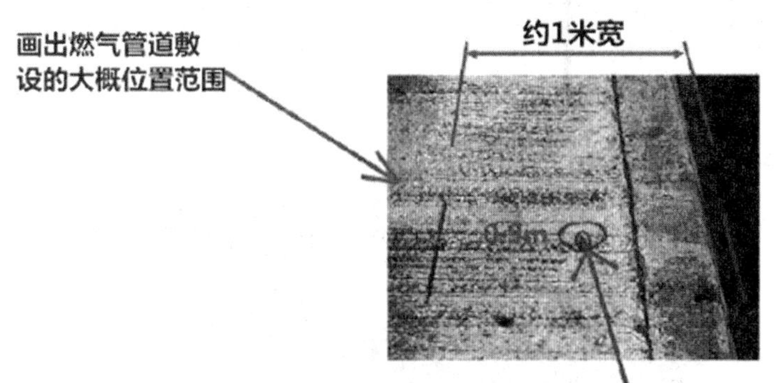

图1-42 使用探管仪对燃气管道定位、定深并标在地上

知识拓展

港华燃气公司内部培训材料关于“处理钻探/打桩工程程序”的指引

（1）联络钻探/打桩工程负责人并索取下列资料：开工日期、拟钻探孔位置、拟定钻探孔的大小及钻探孔的垂直或横向等方向坐标。

（2）千万不要以草图/图表上度量拟定钻探与管道位置相距作为真实距离。在工地上确定管道的位置前，决不容许开始钻探工程。

（3）立即要求施工单位安排工地会议以鉴定实际情况。

（4）燃气管网巡查员必须提供足够的资料及劝告钻探/打桩的施工人员，在进行工程前必须挖掘探坑以确定燃气管道位置。一般做法是在钻挖前挖掘1.5米深的探坑。燃气管网巡查员必须提醒施工人员特别留意有可能燃气管道敷设深与1.5米。

（5） 当拟定的钻探孔位置相当接近燃气管道时，燃气管网巡查员应要求施工单位采用人工开挖方式将受影响的燃气管道外露后，才可进行钻探工序，以防止燃气管道意外地受到损坏。

（6）如由于实际工地工作环境条件所限无法将燃气管道外露，建议施工方更改拟定钻探孔位置。任何情况都以保护燃气管道安全为前提，如有怀疑的情况下不容许进行钻探工程。

（7）有关的管线工程师应实地监督以确保施工单位钻探工序全部按既定的程序进行。

（8）上述步骤也可适用于打桩工程。由于打桩工程所产生的震动力也应详细考虑，其微粒峰值速率可接收程度为不得高于25mm/s。

3.1.2观察第三方施工时有无造成燃气管道裸露等现象。

图1-43 燃气管道被第三方施工单位挖出造成裸露

当燃气管道被第三方施工单位挖出造成裸露，燃气管网巡查员应使用燃气泄漏检测仪器对裸露的燃气管道进行检测。确定燃气管道完好无损后，燃气管网巡查员应在裸露的燃气管道上张贴“小心，带气燃气管道”等警示标语。并要求第三方施

工单位或通知抢维修部门尽快利用沙包掩埋裸露的燃气管道进行临时性的保护。

图1-44 对外露的燃气管道贴警示标语

3.1.3观察第三方施工时有无造成燃气管道悬空或损坏等现象。

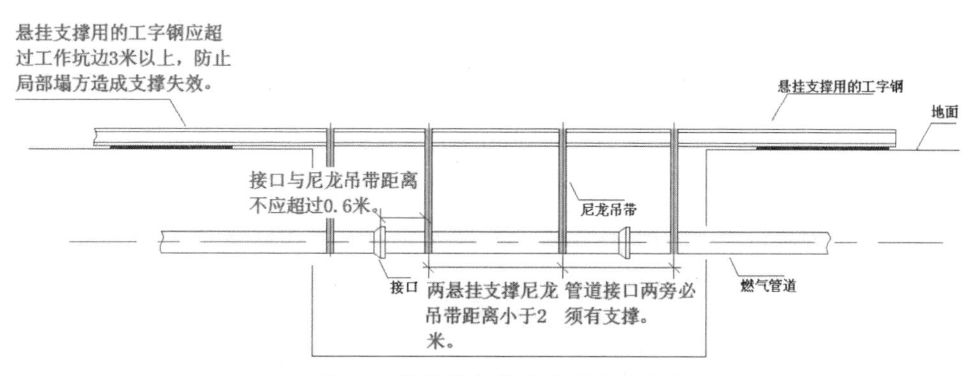

图1-45悬空燃气管道典型临时支撑法

第三方施工单位在燃气管道下方开挖沟槽造成燃气管道裸露悬空时，第三方施工单位应对燃气管作出对应的保护措施。支撑措施应有足够的 弹性 吸收任何由建筑或交通引起的 震动 。在燃气管道上方悬挂支撑燃气管道的工字钢，工字钢两端超工作坑边 3 米，以防止工作坑泥土坍塌造成支撑失效。对燃气管道悬挂支撑可使用 尼龙吊带 或 钢丝绳 。使用 钢丝绳 时应在钢丝绳与燃气管道接触处放置橡胶垫或富有弹性的物质包裹管道悬挂支撑部分，以加大受力面积，减少对燃气管道的损害，防止钢丝绳对燃气管道造成二次伤害。在对燃气管道悬挂支撑时应每隔 2 米设置一个悬挂点，在管道接口处左右各 0.6 米处设置悬挂点以保证燃气管道的支撑。在悬挂支撑拆除后及回填时，管道 坡度 必须保持不变。

3.1.4观察第三方施工有无造成燃气管网上的警示标志、管道示踪标志及燃气管道保护盖板等附件的损坏。

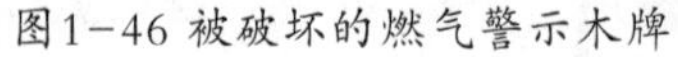
图1-46 被破坏的燃气警示木牌

图1-47被第三方施工单位挖出的PE保护板

发现设置的燃气管网警示标志、管道示踪标志及燃气管道保护盖板被掩埋、损坏、遗失，应立即使用喷漆在该段燃气管道附近的墙壁、路面喷上警示标识，并联系第三方施工单位负责人交代地下燃气管道的位置、埋深和燃气管网警示标志、管道示踪标志及燃气管道保护盖板作用，请求第三方施工单位做好保护措施。在对损失情况作登记后通知抢维修部门或燃气管网巡查员次日重新安放。

3.1.5观察并判断工程施工中有无可能导致安全隐患发生的野蛮施工行为。

图1-48 第三方施工单位使用挖掘机在“相当接近”的距离开挖

在燃气管道“相当接近距离”开挖时，施工单位应使用人工开挖。燃气管网巡查员如发现第三方施工单位在燃气管道“相当接近距离”使用机械（如：挖泥机）进行开挖作业时，应立即上前阻止。如第三施工人员不听劝阻继续野蛮施工，燃气管网巡查员应及时上报上级领导并拨打110向公安机关报警。

图1-49 第三方施工单位的挖掘机要离燃气管道1米远

知识拓展

港华燃气公司内部培训材料对于"相当接近的距离"解释：

（1）其他公共事业敷设设施：0.6米

（2）使用重型挖掘机械：1.5米

（3）钻探/打桩工程：2.5米

（4）爆破：50米

（5）海事工程：100米

3.1.6观察判断第三方施工单位有否对道路进行临时性降土或永久性降土造成燃气管道埋深过浅。

图1-50 道路施工造成临时或永久性降土，造成煤气管道埋深不足

第三方施工单位对道路进行降土导致燃气管道埋深过浅不符合规范要求时应要求第三方施工单位按《城镇燃气设计规范》要求浇筑 钢筋混凝土结构 的燃气管道专用槽对燃气管道进行保护。如降土只是临时性施工措施，第三方施工单位应设置 沙包 堆放在覆土过浅的燃气管道上方作临时保护。

图1-51 道路施工临时降土造成外露的燃气管道应用沙包做临时保护

知识链接

《城镇燃气设施规范》中对燃气管道敷设在道路上的基本要求：

1.规划区域内的燃气中压干管原则上布置在道路人行道下，采取直埋敷设。

2.穿越主要道路、铁路时均设保护套管。

3.地下燃气管道埋设的最小覆土厚度（路面至管顶）应符合下列要求：

1)埋设在车行道下时，不得小于0.9m；

2)埋设在非车行道（含人行道）下时，不得小于0.6m；

3)埋设在机动车不可能到达的地方时，不得小于0.3m；

4)埋设在水田下时，不得小于0.8m。

3.1.7观察判断第三方施工单位施工是否对聚乙烯(PE)燃气管道造成影响。

由于聚乙烯燃气管容易受热力和化学物品的损坏，因此在聚乙烯燃气管道附近严禁倾倒 化学物质 和严禁实行 热力 工程，以防外露的聚乙烯燃气管道或其它燃气管道的保护涂层受到损毁。除非第三方施工单位做好相关的防护措施及特别提高警惕，并在进行工程前，请求燃气公司进行全程的气体泄漏检测。

如发现聚乙烯燃气管道有挖掘损伤的痕迹，管道表面受损达壁厚的 10% 或以

上，便应立即通知抢维修部门对该段管道进行更换。如发现聚乙烯燃气管道有 被撞毁 或 受热 的潜在危机，应考虑额外的保护措施。

3.2发生燃气泄漏突发事件的处理

施工方现场施工已造成燃气泄漏，应协同施工现场负责人立即疏散现场人员，在 无燃气泄漏 区域向调度中心及110报警，设立警戒线（ 能闻到燃气味 区域均应在警戒范围内，警戒范围内不得有人员），防止警戒区域内产生 明火 ，切断 电源 、禁止 使用电话在内的电子设备 ，禁止 车辆通行 ，等待抢修等相关人员到场，并配合抢修人员进行抢修。

燃气燃气泄漏时，立即疏散泄漏点附近的人员。

在安全情况下将情况汇报公司领导及联系抢修队。

燃气泄漏现场采取防范措施。

设立警戒线对现场作出有效隔离。

图1-52 燃气泄漏突发事件的处理流程图

*4. 巡查资料的填写与归档。

4.1加强巡查任务书

一旦发现燃气管网受到第三方施工单位施工的即时危害或潜在危害时都应立即上报公司领导。上级领导在接到报告后发出加强对受第三方施工影响的管网的《加强巡查任务书》。

XX市燃气集团股份有限公司
加强巡查任务书

________巡查员：

为确保地下燃气管道及设施的安全，________________区域的燃气管道属于重点管段，请依照程序文件有关规定，自___月___日至___月___日，对该区域的地下燃气管道及设施实施加强级巡查，并做好巡查记录。重点加强巡查监护内容如下：

1、

2、

接单人：__________　　巡查组长：__________

日 期：　　日 期：

XX市燃气集团股份有限公司
加强巡查任务书

________巡查员：

为确保地下燃气管道及设施的安全，________________区域的燃气管道属于重点管段，请依照程序文件有关规定，自___月___日至___月___日，对该区域的地下燃气管道及设施实施加强级巡查，并做好巡查记录。重点加强巡查监护内容如下：

1、

2、

接单人：__________　　巡查组长：__________

日 期：　　日 期：

图1-53 加强巡查任务书

4.2现场巡查记录应包括的数据

燃气管网巡查员现场巡查记录应包括以下数据：

（1）巡查的日期和时间；

（2）工程需要挖掘的正确位置（包含测量）

（3）联络的第三方施工单位负责人的姓名和联系电话；

（4）工地现场和工程的情况；

（5）第三方施工工程的类别；

（6）受影响燃气管道的详细资料及所采取的保护措施。

（7）燃气管网巡查员的姓名及其签名。

4.3观察施工情况，核实施工方是否已签订保护协议

4.3.1 对于开挖或施工工地项目已经在燃气公司办理了《施工现场燃气管道及设施确认表》的确认工作并签订了《施工现场燃气管道及设施安全保护协议》，施工单位严格按照保护协议要求在履行保护燃气管道的措施时，巡查人员直接在巡查记录中作好记录；

4.3.2对于开挖或施工工地项目已经在燃气公司办理了的确认工作并签订了保护协议，但施工单位在施工过程中未按照保护协议的要求履行保护燃气管道的措施，其施工已对周边燃气管道及设施的安全运行构成隐患时，应立即报告协调员处理，敦促施工方按保护协议进行施工，做好巡查记录；

4.3.3对于开挖或施工工地项目还未办理《施工现场燃气管道及设施确认表》确认手续的，燃气管网巡查员应当立即向工地建设单位负责人签发《施工工地燃气管道保护协议联系函》，并立即通知协调员处理。

图1-54 第三方施工单位负责人签订《施工现场燃气管道及设施确认表》

知识链接

与第三方施工单位沟通要点

加强巡查期间，为达到施工方安全施工，从而保护燃气管道及设施的目的，与施工方的沟通协调交流很重要。

沟通要点如下：

①问——向现场负责人仔细询问施工进度，近期施工内容及有无重大开挖施工，开挖机械司机是否清楚地下管管位；

②察——现场警示标志是否明显、是否被破坏，管道周围有无塌方出现，管道上方有无重物堆积；

③记——将了解到的以上内容及对施工单位的要求填写在《施工现场燃气管道巡查协调记录表》中并各方签字确认。

三、评价与反馈

1.学习自测题

(1)哪些是引发地下燃气设施事故的主要因素？(　　)

A.管道腐蚀　　　　B.第三方施工破坏（外力破坏）

C.设施设备自身故障　　D.运行管理失误　　E.以上皆是

(2)中（低）压管网巡查以(　　)为交通工具

A.摩托车　　B.自行车　　C.公交车　　D.步行　　E.以上皆是

(3)埋设在车行道下的地下燃气管道埋设的最小覆土厚度（路面至管顶）

A.0.3m　　B.0.9m　　C.1m　　D.0.6m　　E.以上皆是

(4)巡查作业是应带的工具有：(　　)

A．巡查图纸　　B.喷漆　　C.法律法规　　D.常用工具　　E.以上皆是

(5)中低压燃气管网的安全保护范围距离是（　　）

A.1m　　B.2m　　C.6m　　D.10m　　E.以上皆是

(6)在工地发现有外露的燃气管时，为了方便施工者识别，应该怎样做？（　　）

A.提供燃气管线图纸　　B.漆上燃气公司标志

C.在管道上贴上“小心，燃气管”的标贴

D.在燃气管道上刷上黄色保护漆　　E.以上皆是

(7)有哪些原因造成地陷，地陷对燃气管道的危害有多大?

(8)如发现绿化带的的植物无故枯萎，请问燃气管道会有立即的危险或潜在的安全隐患吗？如果有那是什么原因造成此现象的?

(9)如燃气管道被第三方施工破坏时，燃气管线巡查员应作出如何的应急反应?

(10)通过本章的学习，你认为燃气管线巡查员应具备哪些素质？

2.学习目标达成度的自我检查，请将检查结果填写在表1-5中。

序号	学习目标	达成情况（在相应的选项后打“√”）		
		能	不能	不能是什么原因
1	看懂巡查图并能识别燃气及其他市政、交通设施标识			
2	根据巡查任务备齐巡查资料			
3	按操作规程操作管网巡查工具			
4	根据巡查图和巡查作业流程完成城市燃气管网巡查作业			
5	根据地理和生物的变化识别燃气管网安全隐患			
6	完成第三方施工对燃气管线破坏的作业流程的编写			
7	完成巡查资料归档工作			

3.日常表现性评价（由小组长或者组内成员评价）

(1)工作页填写情况。

A、填写完整　B、缺失20%　C、缺失40%　D、缺失40%以下

(2)工作着装是否规范？

A、穿着工作服，佩戴胸卡　B、校服或胸卡缺失一项

C、偶尔会既不穿校服又不戴胸卡　D、始终未穿校服、佩戴胸卡

(3)能否主动参与工作现场的清洁和整理工作？

A、积极主动参与5S工作　B、在组长的要求下能参与5S工作

C、在组长的要求下能参与5S工作，但效果差　D、不愿意参与5S工作

(4)是否达到全勤？

A、全勤　　　　　　　　B、缺勤20%（有请假）

C、缺勤20%（旷课）　　　D、缺勤20%以上

(5)总体印象评价

A、非常优秀　B、比较优秀　C、有待改进　　D、急需改进

(6)其它建议。

小组长签名：＿＿＿＿＿＿＿　　　　＿＿＿年＿＿月＿＿日

4.教师总体评价

（1）对该同学所在小组整体印象评价

A、组长负责，组内学习气氛好；

B、组长能组织组员按要求完成学习任务，个别组员不能达成学习目标；

C、组内有30%以上的学员不能达成学习目标；

D、组内大部分学员不能达成学习目标。

（2）对该同学整体印象评价

教师签名：＿＿＿＿＿＿＿　　　　＿＿＿年＿＿月＿＿日

学习任务2　燃气管线探测作业

学习目标

完成本学习任务后，你应当能

1.指出探测作业时的安全隐患；

2.总结出地下燃气管线探测的方法；

3.按操作规程操作地下燃气管线探测作业工具；

4.根据地下燃气管线定位探测作业流程图完成探测作业；

5.正确填写《埋地燃气管道定位检测结果报告》。

建议完成本学习任务为12课时

学习内容的结构

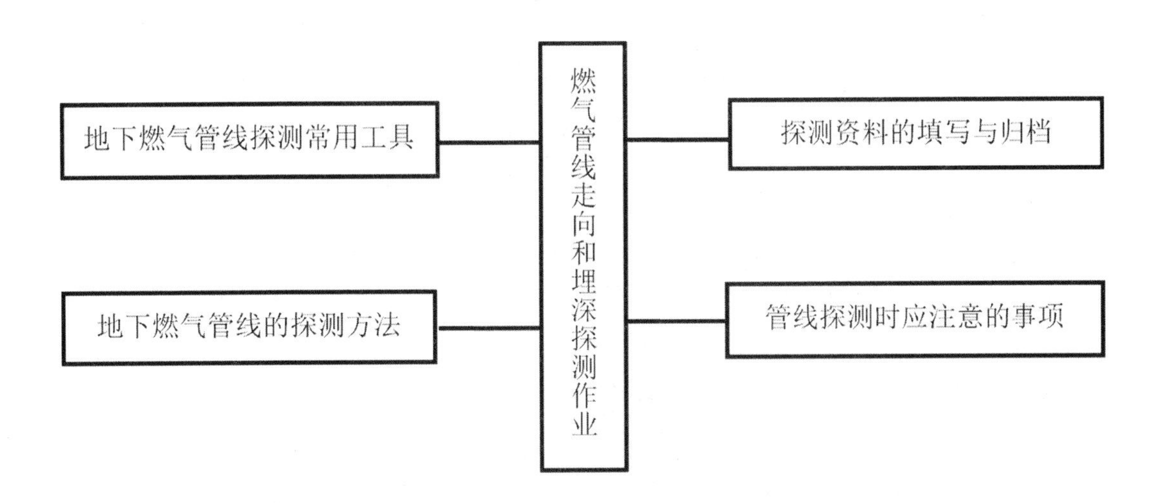

学习任务描述

本学习任务中，根据探测作业流程，按照专业要求，进行管网管线及设施的探测定位作业；在地下燃气管线探测实训中能明确指出燃气管线探测定位的重要性和安全隐患。

城市地下管线是指经规划部门审批允许后，敷设在市政道路或城郊公路下的各种管道，如城镇的自来水管、雨（污）排水、燃气管、供热管、电力、路灯电力、民用电信、国防通信、有线电视以及各种城镇内的工业管线等。

城市燃气对保障国民经济发展和人民生活提高起到十分重要的作用。随着我国城市化水平的迅速发展，许多城市已形成了规模庞大、错综复杂的地下管网体系，地下管网的频繁变更,对地下燃气管线安全有潜在的危害。为了更好的保护地下燃气管线免受第三方施工的破坏，燃气公司除了定期派出专业的燃气管网巡查员对燃气管道进行保护，在第三方施工前对地下燃气管线探测定位定深作业十分重要。

一、学习准备

*1.燃气管线探测作业技术依据。

▶ 中华人民共和国行业标准《城市测量规范》CJJ8-99

▶ 中华人民共和国行业标准《全球定位系统城市测量技术规范》CJJ73

▶《地下管线电磁法探测规程》 YB/9029-94

▶《城市地下管线探测技术规程》 CJJ61-2003

▶ 中华人民共和国行业标准《1:500、1:1000、1:2000地形图图式》GB/T7929-1995

▶ 中华人民共和国行业标准《1：500、1：1000、1：2000地形图数字化规范》GB/T17160-1997

▶ 中华人民共和国行业标准《测绘产品检查验收规定》CH1002-95

▶ 中华人民共和国行业标准《测绘产品质量评定标准》CH1003-95

▶ 中华人民共和国行业标准《数字测绘产品检查验收规定和质量评定》GB/T18316-2001

*2.常用的管线探测设备。

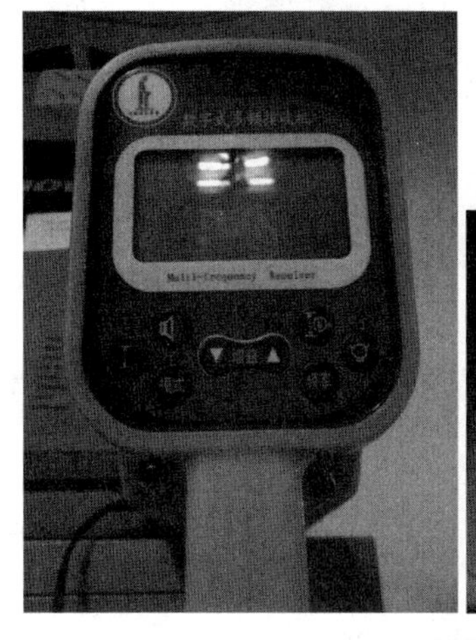

图2-1西安华傲GXY3000地下管线

图2-2英国雷迪RD4000管线探测器

知识拓展

地下管线探测仪的工作原理

由发射机产生的电、磁波通过不同的连接方式将信号传送到地下探测目标金属管线上，目标金属管线感应到电磁波后，在金属管线的表面产生感应电流，感应电流沿着金属管线向远处传播。在电流的传播过程中，金属管线向地面辐射出电磁波。当接收机在地面探测金属管线时，在金属管线的正上方就能接收到电磁波信号。通过信号的强弱变化判别地下金属管线的位置和走向。

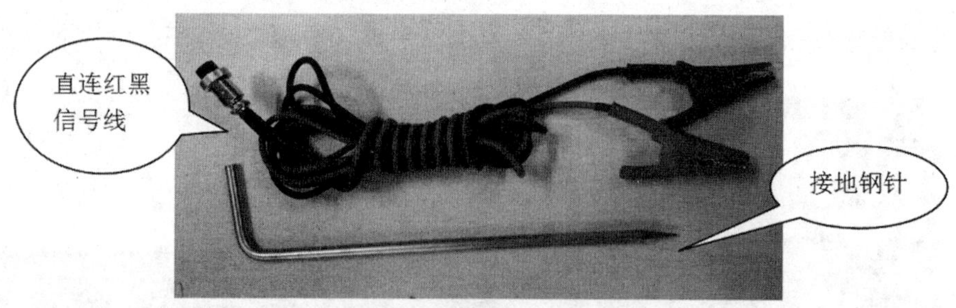

图2-3直连线和插地棒

图2-4 30米皮卷尺

图2-5　直连线延长线

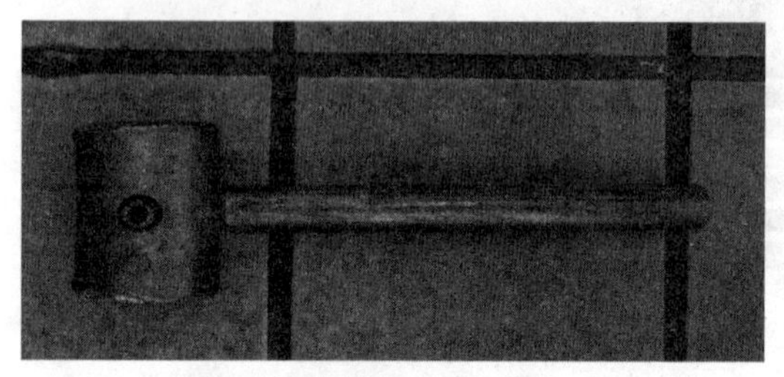

图2-6防爆铜锤

图2-7 警示旗子

图2-8 红色喷漆

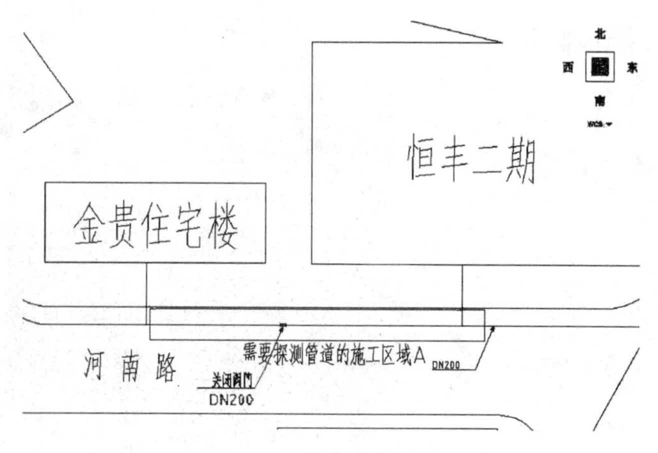

图2-9需探测的管道的示意图

*3.作业时劳保用品的佩戴。

燃气管线定位探测作业时工作人员所穿的劳保用品与燃气管网巡查员相同。详见《巡查》章节。

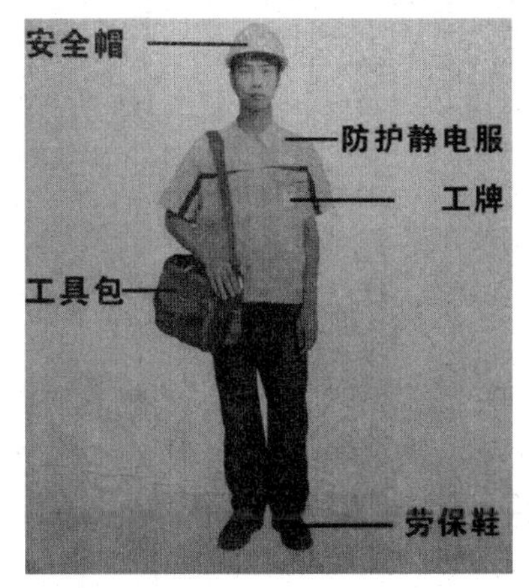

图2-10作业时应佩戴的劳保用品

*4.作业时的安全隐患。

地下燃气管道由于地理条件的限制，很多燃气管道敷设在城镇道路下，因而管线定位探测操作人员作业时处于繁忙的车流之中，对操作人员的人身安全形成了严重的威胁。因此在探测穿越城镇道路的燃气管道时，操作人员应穿戴 安全帽 、 工作服 、 工作鞋 、 反光背心 、 线手套 等劳保用品。

对于探测野外的燃气管线时，管线定位探测操作人员应注意由于光线变化、复杂的作业环境导致人员的受伤。

图2-11 在马路上作业

二、计划与实施

*5.地下燃气管线定位探测作业流程图。

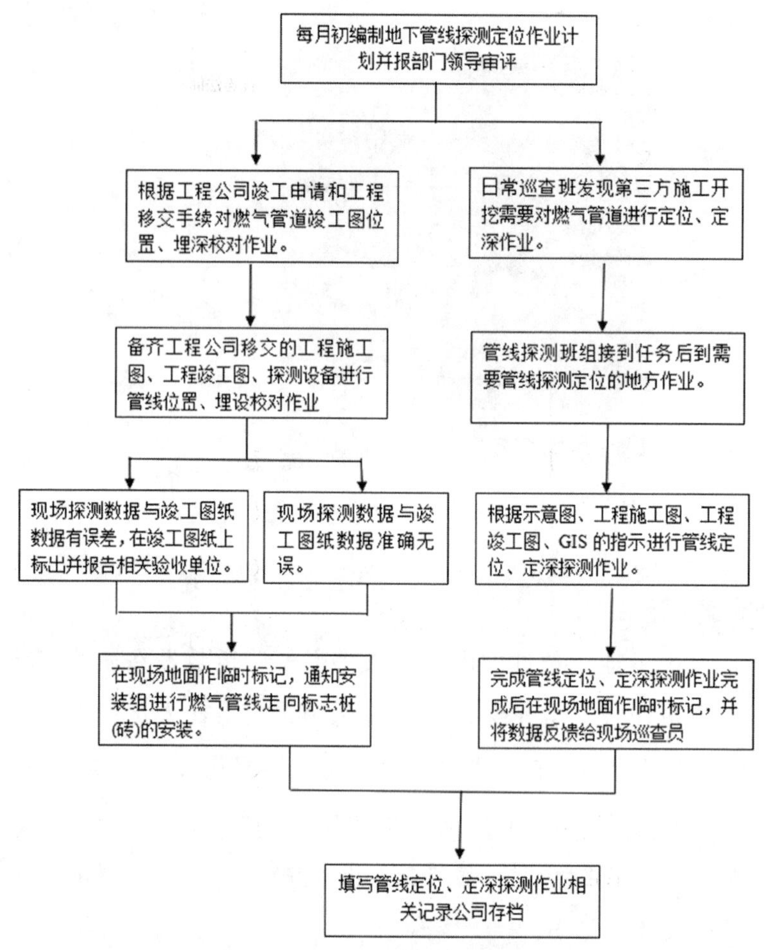

图2-12 地下燃气管线定位探测作业流程图

*6.管线探测仪的使用方法。

6.1直连法：燃气管道探测作业时一般使用直连法。直连法就是指发射机的信号用直连信号线直接施加在目标燃气管上（探测PE燃气管时信号施加在示踪线上）。直连信号线分为红、黑两线，红线接管线上（PE管接示踪线），黑线接地棒。为保证信号在线路中可靠传输，应确保管线没有接地线，使信号以 间接回路 或 容性回路 方式通过大地回流。直连法信号传输过程衰弱量小，可探测距离远，是探测管线 首选的方法。

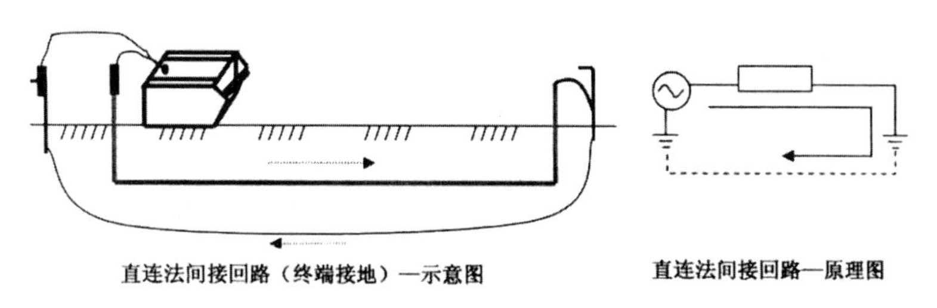

图2-13直连法间接回路原理示意图

知识拓展

直连法工作原理

由发射机产生电、磁波并通过直连信号线将信号传送到地下被探测的金属管道\电缆上。地下金属管道\电缆感应到电磁波后，在地下金属管线的表面产生感应电流，感应电流就会沿着管线向远处传播。在电流的传播过程中，又会通过该地下金属管线向地面辐射出电磁波。这样当地下管线探测仪接收机在地面探测时，就会在金属管线的上方接受到电磁波信号，管线探测仪接收机通过信号的强弱变化从而判断出管线的位置和走向。

6.2感应法：发射机利用本机内置天线向外发出一定方向、一定频率、一定范围的电磁波。当移动发射机时，电磁波就会被附近的金属管线感应，并沿着金属管线向远处传输。为了保证信号的可靠性，金属管线两端应与大地接触。发射机的感应指示线应与金属管线的走向一致。发射机发出信号频率应是“高频”或“射频”，功率为“高档”。

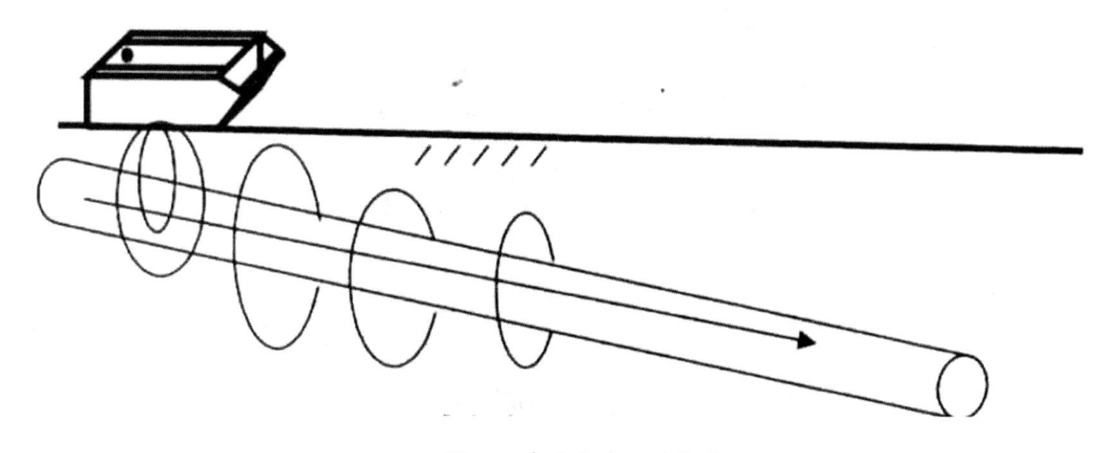

图2-14感应法原理示意图

*7.使用管线探测仪探测管线。

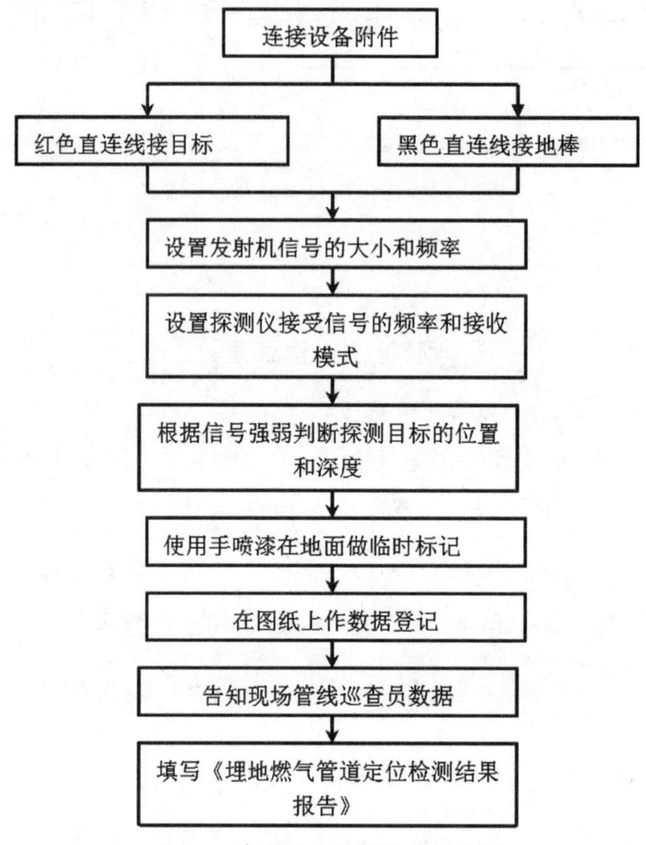

图2-15管线定位检测操作流程图

7.1使用前对管线探测仪进行安装

图2-16安装管线探测仪信号发射机

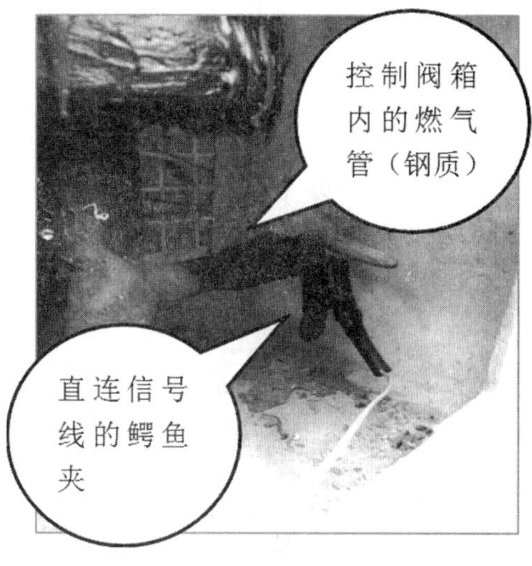

图2-17直连红线与控制阀箱里的管道连接　　图2-18将直连红线与阀井内示踪线连接

管线定位探测操作人员在安装管线探测仪时应注意各个外接部件的对应连接处，以免损坏管线探测仪的各个接口。

7.2将直连信号线中的红色接线接燃气钢管上或PE管的示踪线上

尽量保持直连线与目标管线 垂直 ，在马路中间使用时，导线不够长的时候可以用 延长线 。直连法时，尽量减少接触电阻，红色夹子夹目标管线的时候，接触点需清理 铁锈或油漆 。

如对PE燃气管道探测时，对阀门井内的示踪线接信号前，应按密闭空间作业要求对井内机械通风 30分钟 后，使用 四合一气体检测仪 对井内气体成分进行检测。环境条件符合要求后才能入井作业。

直连法输出的电压有可能高于30V，未接地的情况下，不得触碰 红色接线 。

7.3将地棒插入湿润的泥土中，直连信号线中的黑色接线与地棒连接。

直连法接地点应与管线有一定的距离（大约5米左右）。接地棒应插入湿润的泥土里，如地面比较干燥时应浇水降低接地的抗阻或另选其他状态更好的地点作为接地点。（电阻尽量控制在0Ω~1000Ω为合适，如高于1000Ω说明抗阻过

图2-19将地棒插入湿润的泥土中

大，线路中的信号 很弱 ，应该调整改善接地条件，便于信号传送到地面以便接收机接受信号。

如果在探测的过程中，有时候无法将接地棒插入地下时（如在水泥地面），可将地线连接到人井、商铺拉闸门等与大地连接的金属边缘上作为接地回路。

7.4对管线探测仪的发射机进行数据设定

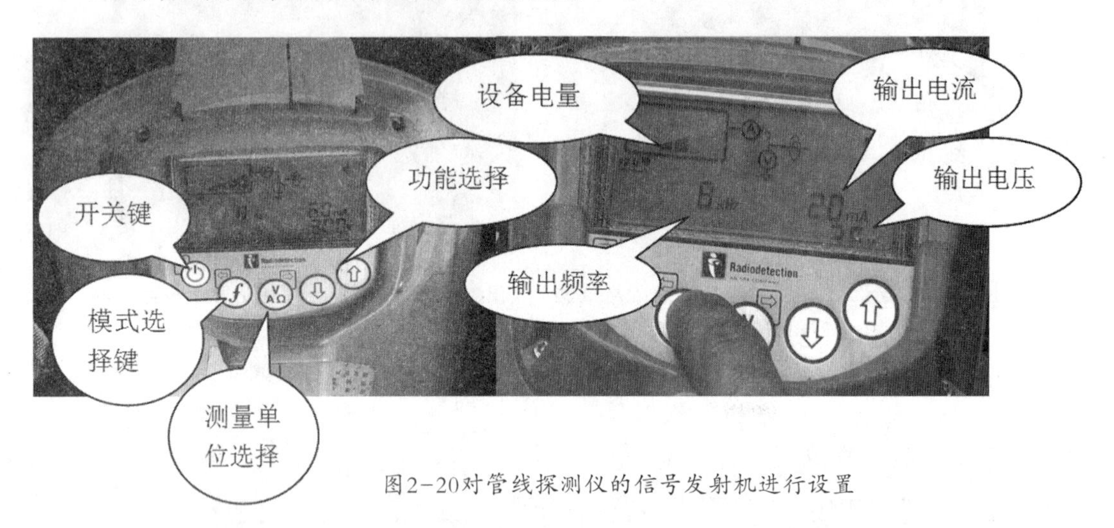

图2-20对管线探测仪的信号发射机进行设置

直连接方式发射频率一般选用 中频 （ 8kHz、33kHz ），长距离探测时可选用 低频 （ 640Hz ）。低频传输距离长，信号受其他金属管线的干扰少；高频传输

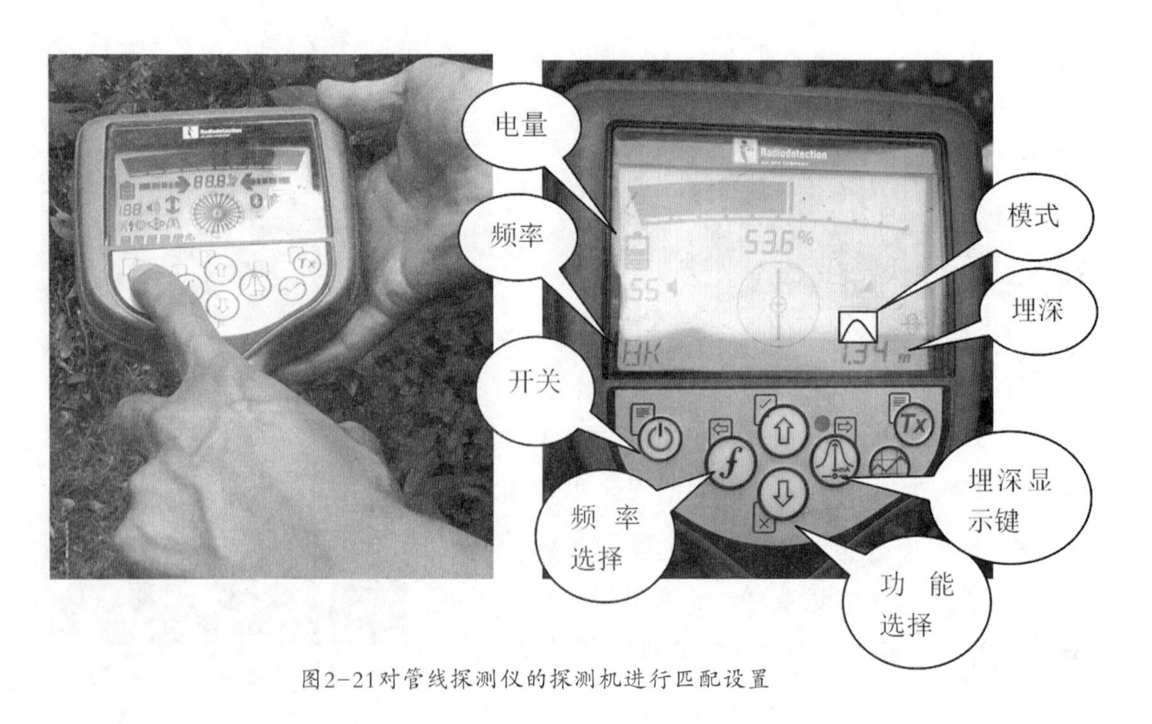

图2-21对管线探测仪的探测机进行匹配设置

距离近，但信号受其他金属管线干扰大；中频传输距离适中，但信号受其他金属管线干扰一般，因此在燃气管探测常选用中频。直连接方式发射频率一般选用8kHz，一般可探测距离为1km~3km。使用发射机上下箭头按钮，将发射机发射功率调至为100mA　左右（中档）。如果接收机和发射机距离较远，且接收机接收的信号较弱，可将发射机功率调至高档。

7.5对管线探测仪的接收机进行数据设定

管线探测仪接收机的数据设定方法：1）将接收机的灵敏度（信号增减益度）调到合适的数值（约24~34Db,1/3刻度左右）。2）接收机和发射机使用相同的频率，接收机选用峰值模式。

7.6数据设定后根据图纸对燃气管道进行探测

图2-22使用管线探测仪探管作业

保持接收机天线与管线的方向垂直，横过管线平移接收机（图2-21a)，确定响应最大的点。当找到响应最大点时，不要平移接收机，原地转动接收机，当响应最大时停下来(图2-21b)。保持接收机垂直地面，在管线上方左右移动接收机，在响应最大的地方停下来(图2-21c)。标志管线的位置和方向。重复所有的步骤以提高精确定位的精度。

7.6.1检测信号方式——多采用双水平天线峰值和谷值。但由于谷值模式较容易受其他因素干扰，因此不能用来精确定位，除非在无干扰信号的地区。

使用峰值模式探出管道后，使用谷值进行验证。把接收机调到谷值模式，移动接收机，找出响应最小的谷值点。如果峰值模式的峰值位置和谷值模式的谷值位置一致（位置偏移在±15cm可视为位置一致），可判断为位置准确。

如果两个位置不一致位置偏移在＞15cm以上，视为定位不准。有可能受其他管

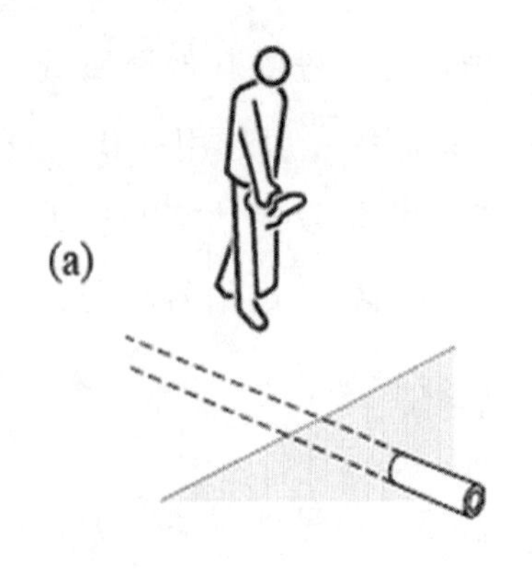

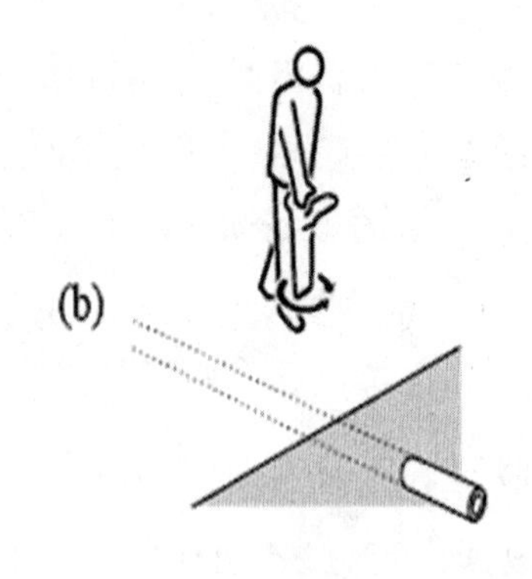

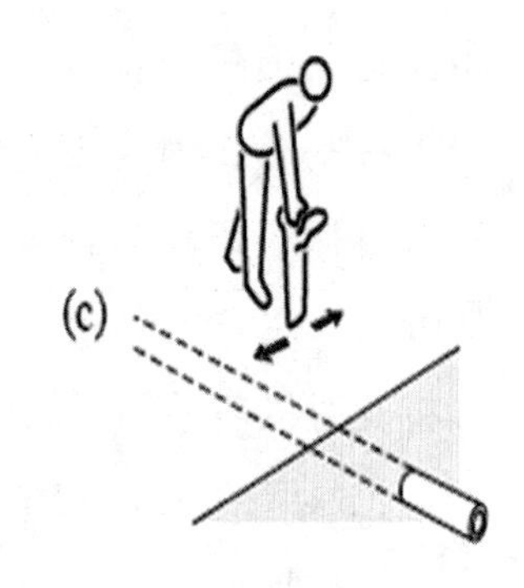

图2-23管线探测仪的探管作业步骤

线信号干扰。但信号在管线的同一侧，管线的真实位置在峰值模式的峰值最高点位置上。如管线峰值位置在另外一端时，管线真实位置在峰值最高值位置与谷值最低值位置的间距的一半位置就是管道所在的位置。

知识拓展

波峰法模式

在传输某一特定信号的正上方，接收机测得的信号最强；在同一平面上左右移动接收机测得的信号会随即衰减，故名为波分法模式。其实它是利用接收机内水平天线来感应磁场信号。当水平方向的磁场穿过水平天线时，线圈中就产生感应电流，感应电流的大小随穿过水平天线磁场的多少（磁通量）而变化，只有在电缆正上方时穿过水平天线的磁场是最多（磁通量最大），既接收机测得的信号最强。

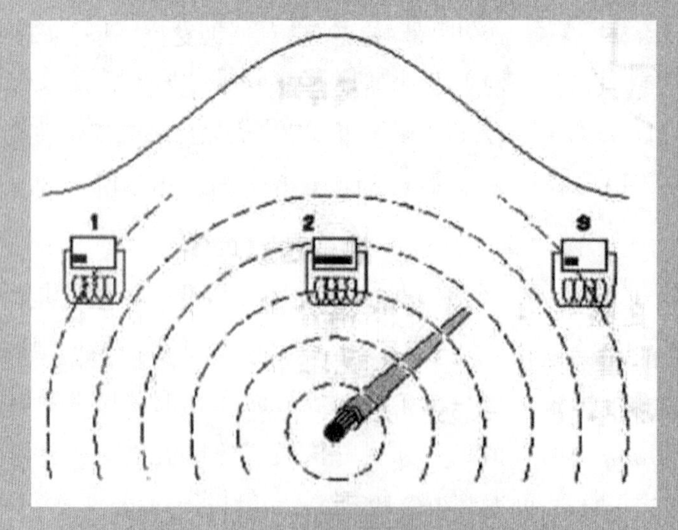

图2-24波峰法原理图

谷峰法模式

在传输某以特定信号在金属管道的上方，接收机内的垂直天线感应到的磁场信号最弱。在同一平面上左右移动接收机测得的信号会随即增强，与波峰法相反，故名为谷峰法。

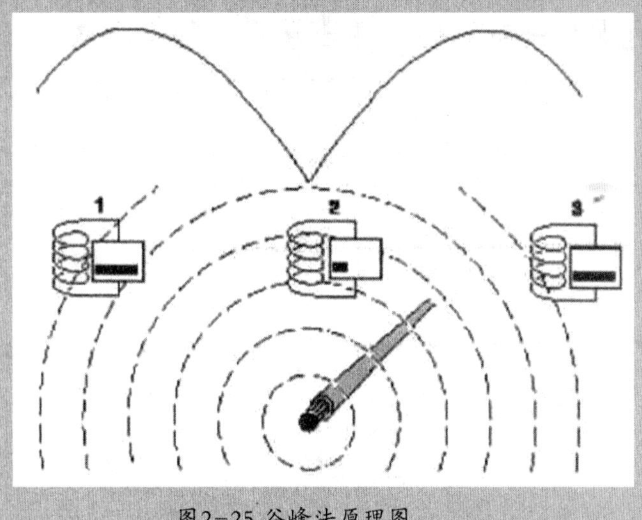

图2-25 谷峰法原理图

7.6.2深度测量——直读深度仅在峰值方式时才显示。将探测仪放在管线的上方，使设备与管线成90°，按下深度测量键，这时显示屏就会显示管道的深度。直读法探测埋深是应将接收机触地，接收机显示的埋深是金属管面\PE管的示踪线与接收机的天线间的距离。如信号很弱或有其他管线干扰时，显示的深度会不准确。这时应采用测量精度高、抗干扰能力强的70%法确定深度。

7.6.3“70%法测量深度”操作方法：在管线正上方时，将读数调到合适值，使探测仪下端天线接近并垂直地面，然后将接收机沿管线垂直方向左右移动，并保持与管线正上方的高度一致，直到读数下降到管线正上方是的读数的70%时，这两点的距离即为管线的深度。

7.6.4　电流的方向——在直连法时，通过电流的方向指示可以判别目标管线。如电流方向是与发射机发送电流方向一致（远离发射机），这管道为目标管。如电流方向是回流发射机的方向，此管道非目标管道，有可能是收干扰的与目标管道相邻的其他金属管线。

7.6.5电流的大小——如直连信号线与管道的红线与金属管道连接，后发现信号还是不稳定，甚至没有信号。应立即检查直连信号线与管道的黑线接地连接是否良

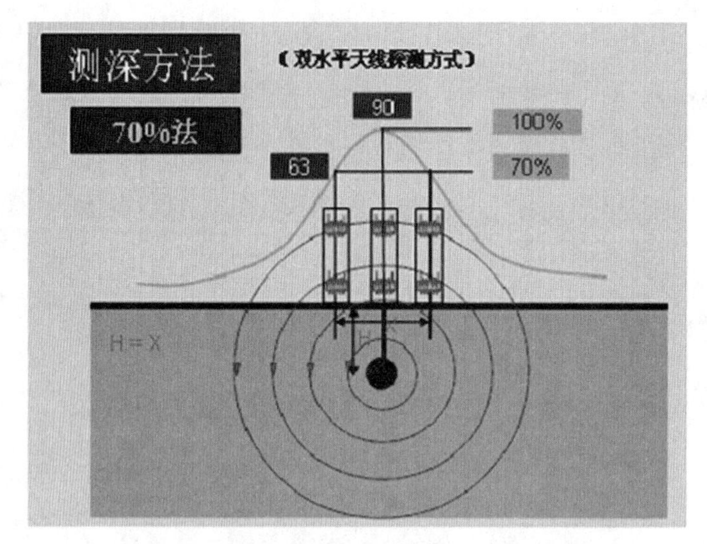

图2-26 70%法深度测量原理示意图

图2-27电流在管道上流动方向示意图

好。工作人员也可以通过增加设备输出的电压，使用探管仪测量金属管线上的电流是否随之增大，从而判别信号线的连接是否良好。当接线接触良好的时候，发射机电压加大，土地的电阻不变时，接收机显示的电流应该随之加大。但接线接触不良时，发射机电压加大，电阻不变，接收机显示的电流不变。

接触不良的原因：（1）接触点有铁锈；（2）信号线的鳄鱼夹没有夹好管面（示踪线）。

7.7 对探测的管道使用手喷漆进行临时标记。

为了方便燃气设施标志安装组的同事能辨别管道的位置，以及方便第三方施工单位观察燃气管道的位置，一般使用红色的手喷漆在地面标出管线的走向、深度等信息。

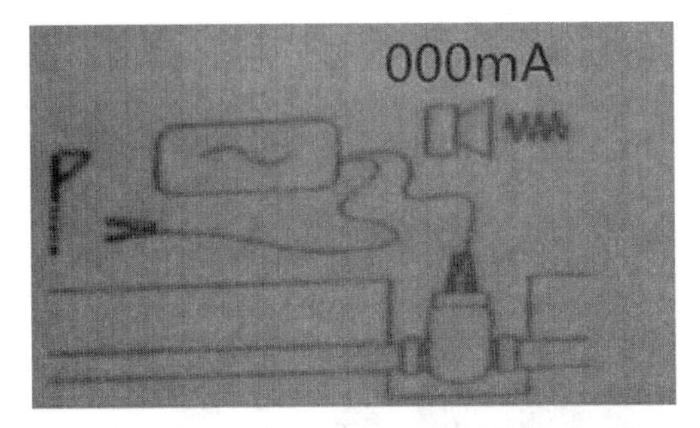

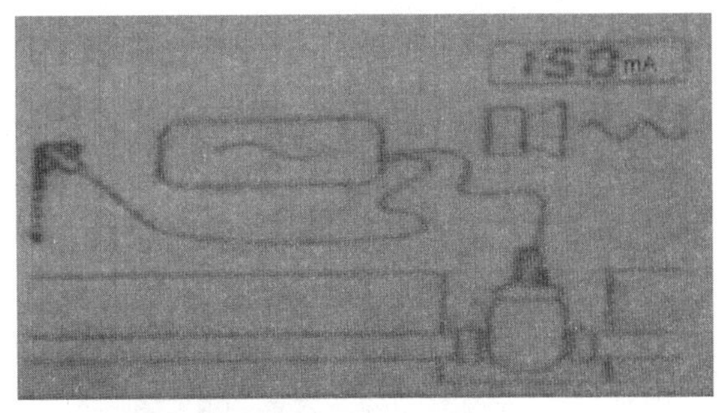

图2-28信号线连接好坏对施加在管道上电流变化示意图

图2-29燃气公司工作人员在地面标注管道埋深和位置

7.8 使用标志桩（砖）\标志牌（旗）进行管道标识。

如探测点在野外或在绿化地上，无法使用喷漆在泥土地面标出燃气管道的位置和走向时。工作人员就会使用专用的布质的标志旗子或木质的标志牌安放在燃气管道上方的泥土上作临时标志。由于这些标志牌或旗子容易损坏，通知管线巡查员定期检查维护，如条件允许应通知抢维修部门的工作人员安装水泥制作的永久性标志桩。

7.9 现场巡查员对现场数据核实登记

管线定位定深探测作业完成后，工作人员应与该区域的管线巡查员在现场核实登记检测数据。对现场检测的数据与工程竣工图纸不一致的，应立即现场做好数据核实登记，并上报公司的有关管线管理部门。如探管作业区在马路上时，应使用反光锥和警示带设置作业区并安排专人对车流疏导，以防探管作业人员发生交通事故。

7.10 填写表格

图2-30在燃气管道上方的泥土安放临时性的标志旗

图2-31探管作业人员于管线巡查员共同核实登记检测数据

管线定位定深探测作业后应立即如实填写《埋地燃气管道定位检测结果报告》。《埋地燃气管道定位检测结果报告》内包含了关于被探测的目标管道的名称、管径、材质、埋深、检测日期、检测时间、检测天气状况、使用仪器的型号、仪器的参数、仪器输出的功率、电流的大小、探测人员的名称以及检测结果分析与评价等内容。《埋地燃气管道定位检测结果报告》一般壹式肆份，但由于各燃气公司规定不同，《埋地燃气管道定位检测结果报告》的内容和应提交的份数也有所差异。

埋地燃气管道定位检测结果报告

表2-1

<table>
<tr><td colspan="3" rowspan="2">XXX市燃气集团有限公司</td><td>编 号：</td></tr>
<tr><td>生效日期：20XX-X-X 版本：Z</td></tr>
<tr><td colspan="3" rowspan="2">埋地燃气管道定位检测结果报告</td><td>填写部门：市政管网分公司</td></tr>
<tr><td>No:9876554321</td></tr>
<tr><td>工程名称</td><td colspan="3"></td></tr>
<tr><td colspan="4">管径（mm）：</td></tr>
<tr><td colspan="2">检测日期： 年月日</td><td>时间：</td><td>天气状况：</td></tr>
<tr><td colspan="2">使用仪器型号：</td><td>仪器参数：</td><td>电流： 增益：</td></tr>
<tr><td colspan="4">探测人员：</td></tr>
<tr><td colspan="4">检测内容：</td></tr>
<tr><td colspan="4">管道探测定位结果分类表</td></tr>
</table>

序号	探测位置	埋深（m）	备 注
1			
2			
3			
4			
5			
6			
7			
8			
9			
10			
合计			
检测结果分析与评价： 现场检测负责人：　　　　年　月　日			
备注			

*8. 管线探测时应注意的事项。

8.1不应该在管线的关头或三通附近进行深度测量。要获得高精度，至少要离开弯头5米进行深度测量。

8.2深度测量避免使用感应法，如果别无选择，发射机的位置至少要离开深度测量点30米。

8.3把接收机从地面提高0.5米，重复进行深度测量，检查可疑的数据。如果测量的深度增加的值与接收机提高的高度相同，表示深度测量是正确的。

8.4感应法只适用深度少于2M的管线。

8.5在探测模式下，按住VΩ键测量管线上的交流电压。在测量模式上，按住VΩ键测量管线上的支流电阻。

8.6谷值模式响应比较容易收到干扰的影响，不能用来精确定位，除非在无干扰信号区域。

8.7直连法输出电压有可能高于30V，未接地的情况下，不得碰触红色的接线。

三、评价与反馈

1.学习自测题

(1)使用电缆及管道接收机探测管道时，采用哪一个信号输出方法最理想？（ ）

A.直连法　B.机身感应法　C.扫描法　D.信号夹感应法

(2)使用感应法的最大缺点是（ ）

A.用电量增加　B.容易受到附近的金属管道干扰

C.不能用多频率功能　D.操作相当复杂

(3)什么情况下需要使用扫描法寻找管线？（ ）

A．管线位置不清楚时　B.寻找非金属管

C.管线位置不清楚，也没有连接点时　D.有绝缘接口

(4）常用的劳保用品有哪些？（ ）

A.安全帽　B.工作服　C.工作鞋　D.反光背心

(5)地下管线探测仪的组成。

(6)地下燃气管线探测作业时潜在的危险有哪些？

(7)地下燃气管线的寻找方法有哪些？

(8)通过本章的学习，你认为燃气管线探测作业人员应具备哪些素质？

2.学习目标达成度的自我检查，请将检查结果填写在表2-2中。

序号	学习目标	达成情况（在相应的选项后打“√”）		
		能	不能	不能是什么原因
1	指出探测作业时的安全隐患			
2	总结出地下燃气管线探测的方法			
3	按操作规程操作地下燃气管线探测作业工具			
4	根据地下燃气管线定位探测作业流程图完成探测作业			
5	正确填写《埋地燃气管道定位检测结果报告》。			

3.日常表现性评价（由小组长或者组内成员评价）

(1)工作页填写情况。

A、填写完整　　B、缺失20%　　C、缺失40%　D、缺失40%以下

(2)工作着装是否规范？

A、穿着工作服，佩戴胸卡　　B、校服或胸卡缺失一项

C、偶尔会既不穿校服又不戴胸卡　　D、始终未穿校服、佩戴胸卡

(3)能否主动参与工作现场的清洁和整理工作？

A、积极主动参与5S工作　　B、在组长的要求下能参与5S工作

C、在组长的要求下能参与5S工作，但效果差　　　D、不愿意参与5S工作

(4)是否达到全勤？

A、全勤　　　　　　B、缺勤20%（有请假）

C、缺勤20%（旷课）　D、缺勤20%以上

(5)总体印象评价

A、非常优秀　B、比较优秀　　　C、有待改进　　　D、急需改进

(6)其它建议。

小组长签名：__________　　　　　　　　____年____月____日

4.教师总体评价

（1）对该同学所在小组整体印象评价

A、组长负责，组内学习气氛好；

B、组长能组织组员按要求完成学习任务，个别组员不能达成学习目标；

C、组内有30%以上的学员不能达成学习目标；

D、组内大部分学员不能达成学习目标。

（2）对该同学整体印象评价

教师签名：__________　　　　　　　　____年____月____日

学习任务3 燃气泄漏探测

学习目标

完成本学习任务后，你应当能

1.能识别阀室、阀井、阳极井、污（雨）水井电缆沟、地下室（地下停车场）等地下建（构）筑物的标识；

2.总结燃气浓度检测方案的内容和泄漏特征；

3.能正确使用探漏工具完成燃气浓度的探漏作业；

4.能制定简单的燃气浓度检测方案；

5.能进行探漏作业的安全防护。

建议完成本学习任务为14课时

学习内容的结构

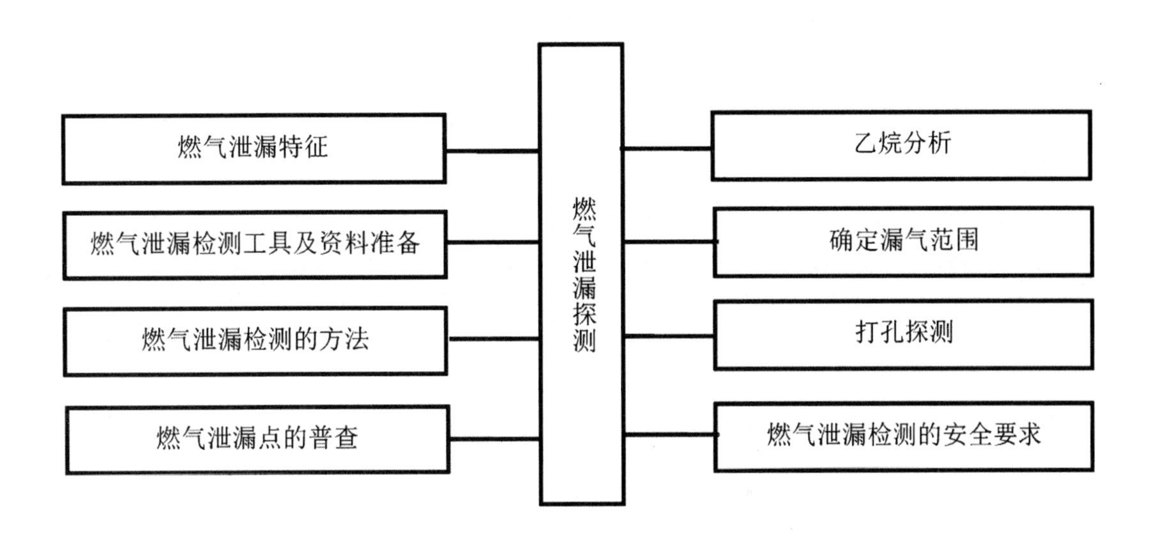

学习任务描述

在教师的指导下熟练使用探测仪器，同时在做好安全防护措施的情况下进行浓度探测及精确定位漏点。

城市燃气管网作为城市的基础设施之一已经有了很大发展，全国绝大多数的城市都铺设了燃气管网，这对净化城市环境提高人民生活水平做出了很大贡献。然而，燃气管网在快速发展的同时，也带来了许多安全隐患——即由于燃气管网泄漏而引起的爆炸、火灾及人员中毒伤亡的恶性事件时有发生，有些城市都因燃气管网泄漏发生过震惊全国的严重事故。因此，如何快速、准确、预防性地探测燃气管网的泄漏，一直是城市燃气行业梦寐以求的事情。

燃气管网泄漏探测是燃气管网巡检工作的一部分，是保证燃气管网安全运行的第一道屏障，是及早发现管网安全隐患的重要手段，也是管网安全运行、稳定生产中最基础的环节。

定期在燃气管道，包括PE燃气管道上方进行泄漏检查，是管网日常维护的基本工作，各地燃气公司都制定有不同的检查周期，检查频率因地区不同、管道材质不同、工作压力不同而不同。

目前，对燃气的测漏，直接用气敏仪对漏点的精确定位效果不尽如人意，同时也不能靠机械或人工开挖直接来查漏点，比如在北方地区管线均在冰冻层以下，埋深一般在1.5～2m，最深处为3m以上，用开挖的方法来找漏点，工作量大，效率低。因此采用科学方法，良好设备查漏、定位具有很大的现实意义。

本次学习任务以我校燃气检漏巡查实训场为基地，通过利用相关设备与仪器现场检测燃气浓度为载体进行“燃气泄漏探测”的学习。该学习任务是我校城市燃气输配与应用专业的核心课程《燃气管网施工与运行管理》中的重要内容，所针对的学生为中职燃气专业二年级的学生，学生年轻有活力，热爱实操，具备一定的燃气基础，但是还缺乏安全的意识。

通过该学习任务的学习和实操，可以让同学们认识燃气泄漏的特征，学会利用探测仪器在做好安全防护措施的情况下进行浓度探测及精确定位漏点。

一、学习准备

*1.燃气浓度的测量单位。

1.1 PPM浓度：百万分之一含量，低浓度单位，主要用于测漏。

即：1PPM=0.0001%，或10000PPM=1%。

1.2 VOL%体积浓度：百分之一含量，高浓度单位，一般用于燃气置换、钻孔测量以及密闭空间测量。其与PPM的关系如图3-1所示。

ppm	%Vol.
1	0,0001
10	0,001
100	0,01
1.000	0,1
10.000	1
100.000	10
1.000.000	100

图3-1 PPM与VOL

1.3 %LEL浓度：爆炸下限浓度，该气体相对于其爆炸下限浓度的百分比含量，表示引起爆炸可能的危险。

例如，甲烷的爆炸下限为5VOL%，5%=100%LEL。

根据上述关系，完成表3-1空白处的内容。

甲烷（CH4）浓度量程对照表 表3-1

PPM	%VOL	%LEL
0	0	0
1000		
10000	1	
15000	1.5	30
	2.0	40
25000	2.5	50
30000		60
35000	3.5	70
40000	4.0	
45000	4.5	90
50000	5	100

*2.燃气泄漏特征。

2．1根据已学知识补充完成表3-2中空白的内容。

不同种类可燃气体的比重　　表3-2

燃气种类	CH_4甲烷	C_2H_6丙烷	C_4H_{10}丁烷	H_2	CO
比重（空气=1）			2.0	0.65	1.25

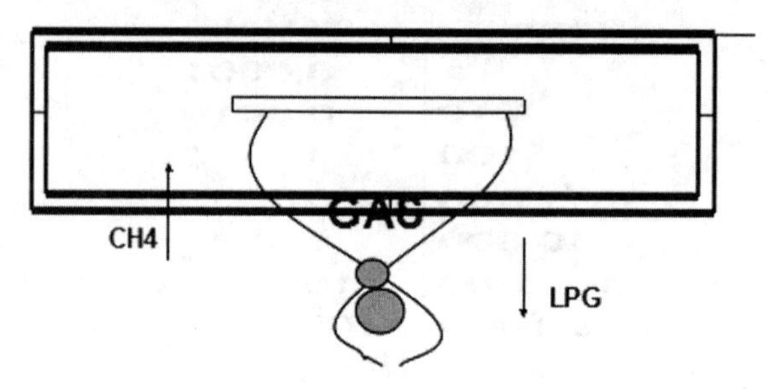

图3-2 液化石油泄漏特点

2.2不同种类燃气的泄漏特征

① 城市煤气（主要成分：氢气H2）：比较小的膨胀；快速地穿透性和极低的粘滞性；漏气点容易被确定。

② 天然气（主要成分：甲烷CH4）：易于膨胀；有穿透性。

③ 液化石油气（主要成分：丙烷C3H8、丁烷C4H10):气体通常在地下积聚，不容易逸出地面，如图3-2所示。

2.3 泄漏燃气在地下的分布

① 漏气总是通过阻力最小的出口扩散

② 漏气的扩散特性取决于土壤的孔隙度

③ 砂土：主要在地下扩散，向地面扩散量少

④ 软土：地下扩散范围较大

⑤ 硬土：地下扩散范围较小

⑥ 地下出口：当漏点附近存在出气口时，漏气很难扩散到地面。

如图3-3、3-4、3-5所示为不同路面的气体分布特征，当管道位于硬质路面下方，若附近存在软质泥土等路面，漏气主要沿着软质路面逸出；漏气点附近存在排水沟道、电信电缆沟、电力电缆沟、热力管沟、地裂缝、空穴等出口时，漏气主要沿着出口逸出而非地面逸出。

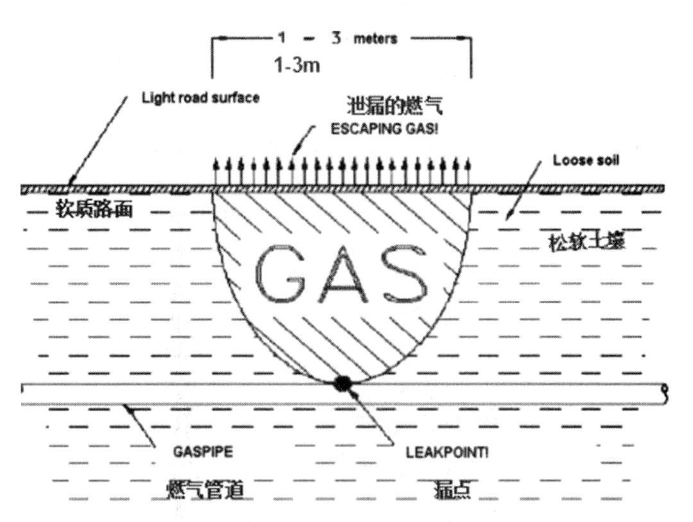

图3-3 软质路面燃气泄漏分布

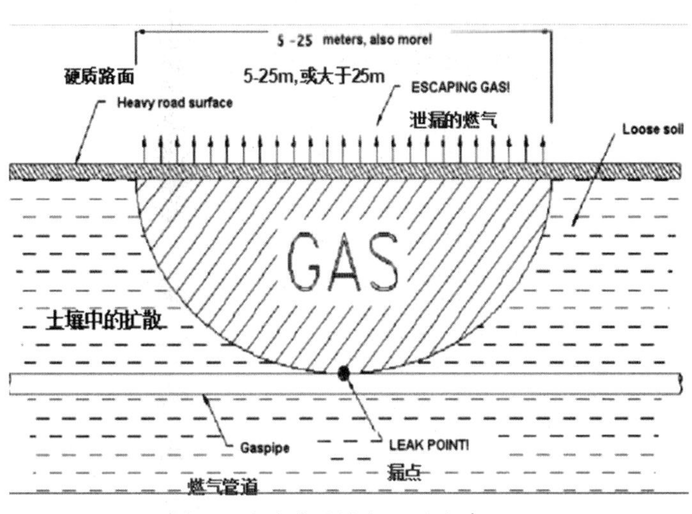

图3-4硬质路面燃气泄漏分布

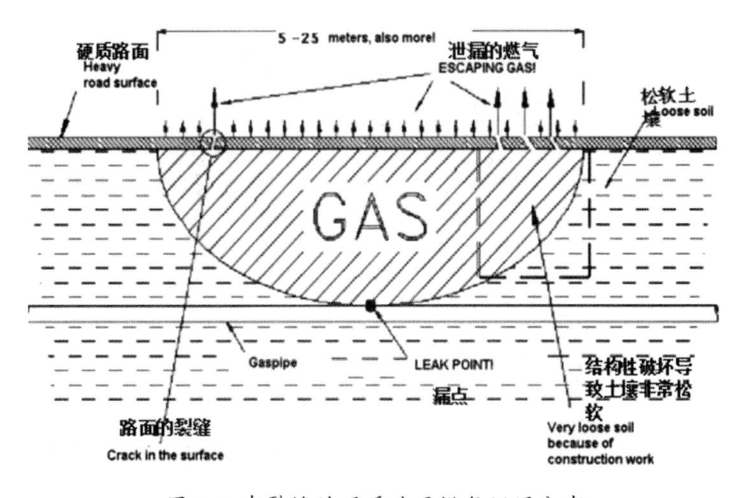

图3-5 有裂缝的硬质路面燃气泄漏分布

2.4燃气泄漏的一般规律

① 理想状况下

从图3-6可以看出，在马路的覆盖层是松散沙质土壤的理想状况下，燃气泄漏在土壤中呈一个漏斗形状向地面扩散，并且能够直接冒出地面，在路面上检漏是非常容易的，只需要在地面上直接用检漏仪沿管线检测即可。

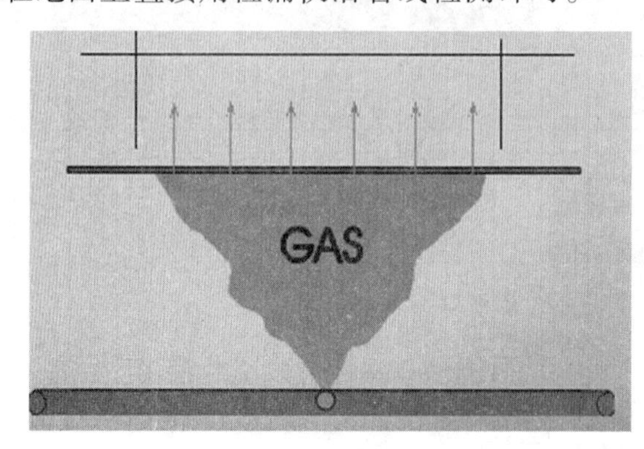

图3-6 燃气泄漏理想状况下扩散示意图

② 实际状况下

实际上城市燃气管道几乎都埋在水泥或沥青路面覆盖层的下面，如图3-7所示。由于泄露的气体很难直接穿透到路面上，而是在路面下面“乱窜”，直到找到路面的薄弱环节，比如：便道缝隙、草地等处逸出地面，这就给城市燃气检漏带来很大的困难。特别是城市路面下铺设有各种电缆，若燃气窜入电缆沟则会引起极大的危险和不可想象的严重后果，在这方面的教训是诸多的、惨重的。在这些情况下，若仍然采用直接的检漏法，则只能是盲目的，不切实际的被动检漏。

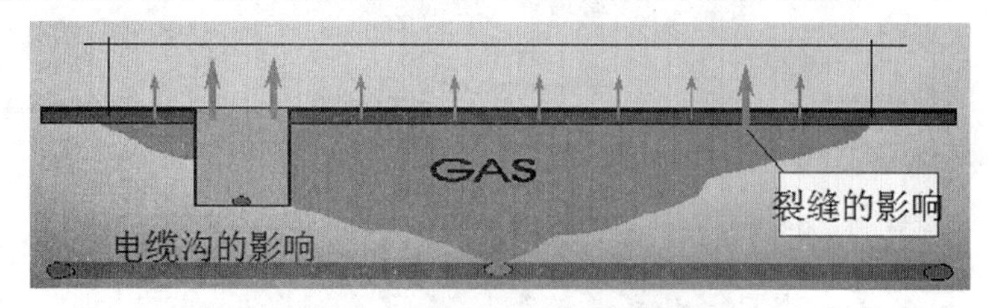

图3-7 燃气泄漏实际状况下扩散示意图

*3.燃气管网泄漏的主要原因。

3.1监管不到位

在燃气管道的安装敷设的过程中，由于施工管理和监理质检不到位，就容易产生漏气隐患。

① 埋深达不到要求——容易被其他的道路工程损坏；

② 防腐层被破坏——金属管与土壤接触，加速腐蚀；

③回填和修复——回填的土壤含石块损坏管材表面，回填时土壤没有夯实造成管道承托不均导致接口偏移或管道破裂；

④ 图纸位置不准确——竣工图与管线的正确位置不符，影响其他施工者；

⑤安装不合规格的材料——在施工时偶有缺货情况，施工人员会贪方便或赶工期等而使用不合规格的材料。

⑥ 施工时密封圈、焊缝不严。

3.2施工作业条件达不到要求

①培训——无论是施工还是监管人员，都必须经正规培训和通过考核方可上岗；

②使用合适的仪器和工具——在管道施工及验收的过程中，必须使用恰当的工具、仪器，如压力表、全自动聚乙烯管热熔焊机等。

3.3受第三方破坏

①随着城市建设步伐的加快，道路施工日益频繁，部分施工单位不按规范操作；

② 因水管、电缆破裂而导致燃气设施受损；

③ 交通意外。

3.4自然灾害

地震、塌方、裂缝、泥石流、滑坡、水土流失等自然灾害导致燃气设施受损。

二、计划实施

*** 4.燃气泄漏探测作业流程。**

如图3-8所示为燃气泄漏探测作业基本流程简图。

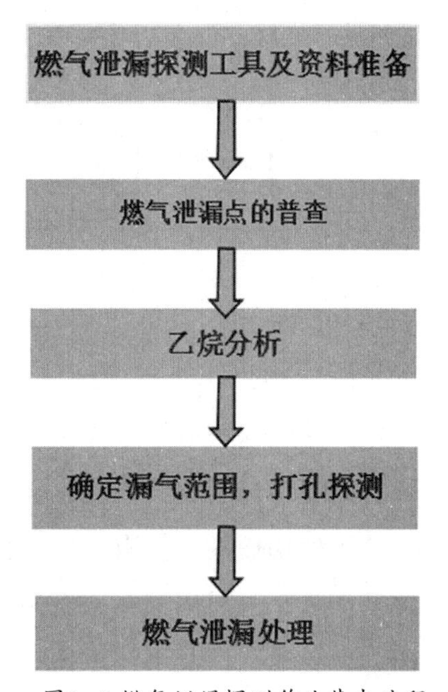

图3-8 燃气泄漏探测作业基本流程

*** 5.燃气泄漏探测工具及资料准备。**

5.1 HS6xx系列燃气管网检测仪

如图3-9所示为HS680燃气管网检测仪，该仪器可用于甲烷、乙烷、丙烷、丁烷、二氧化碳、氧气、硫化氢、一氧化碳等气体的浓度检测，如

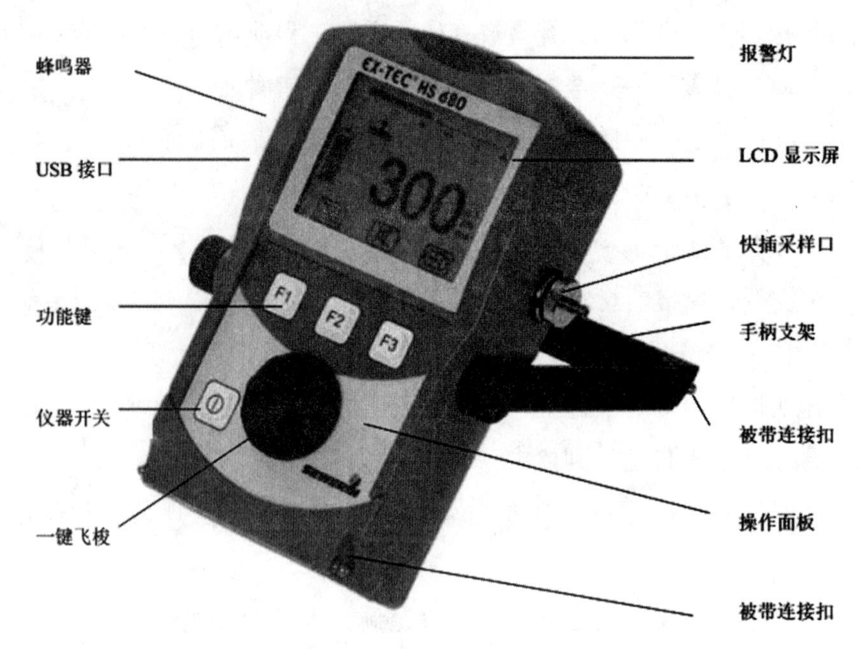

图3-9 HS680燃气管网检测仪

	路面巡检 用于在路面上使用高精度检测最小程度的燃气泄漏		**高浓度监测** 燃气置换时进行管道内的高浓度监测
	钻孔检测 用于发现泄漏路面排孔之后使用高浓度量程进行测量	Ex	**防爆测量** 时刻检测工作区域内的燃气浓度是否接近爆炸浓度，并及时发出报警
	密闭空间	Ex Tox	**防爆测量及毒气测量** 时刻监视工作区域内的燃气和毒气浓度是否超标，并及时发出报警
	室内测量 在室内测量最低浓度的燃气泄漏，并且寻找漏点的位置f		**乙烷分析** 区分检测到的燃气是天然气还是沼气.

图3-10 HS680燃气管网检测仪用途

图3-10所示。

图3-11所示为与检测仪相连接的探头手柄配件，其探头内部构造如图3-12所示。所配的探头有锥形探头、地毯式（手推车式）探头、钟型探头及手持式探头四种，如图3-13所示。

手持式探头，仅限用于室内管道暴露部位和阀门的检测，不可用于探孔检测；钟型探头，为通用探头，适用于各种地面，如草地、凹凸不平的土质地面、铺砖地面、沥青地面以及水泥地面等的燃气泄漏检测，工作效率较地毯式探头低；适用于

平坦地面和水泥、沥青地面的巡查工作。可排除汽车尾气等废气的干扰，使巡检工作变得轻松、高效；配合路面钻孔机使用，可探测钻孔内气体浓度，进而准确确定泄漏点的位置。该探头和钻孔机配合，称为钻孔检测法，是精定位的必要手段。

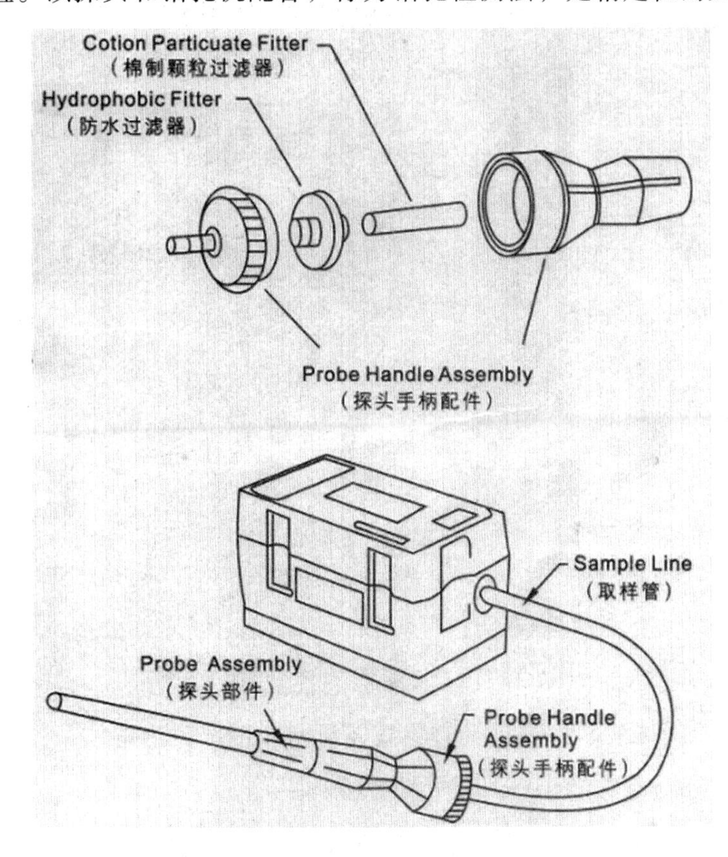

图3-11探头手柄配件

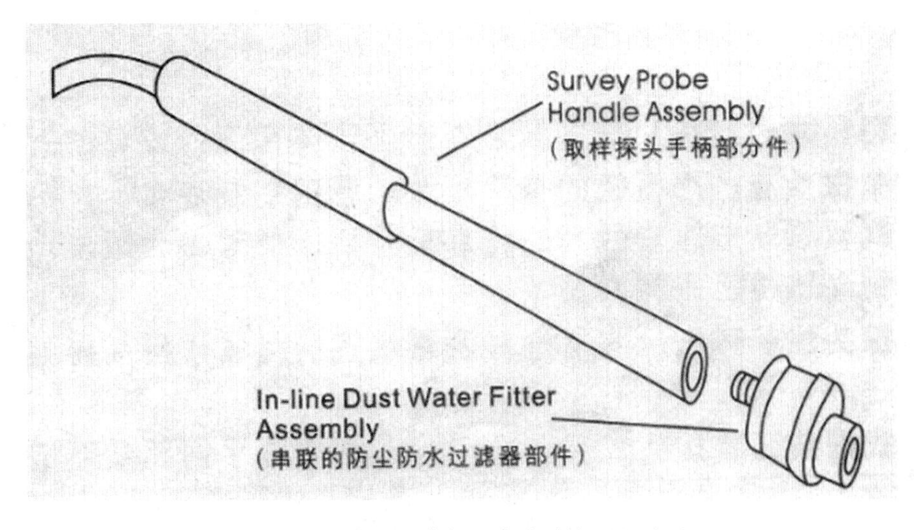

图3-12 巡检探头手柄和在线过滤器组件图

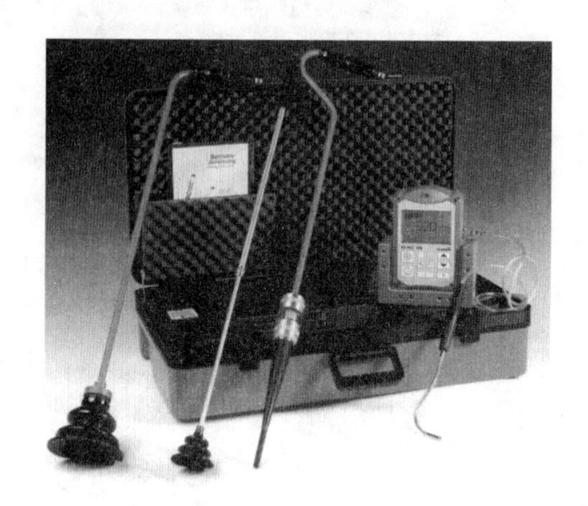

图3-13 四种探头造型

5.2 GM系列气体泄漏检测仪

如图3-14、3-15所示为GM3气体泄漏检测仪及其检测情景，GM3是一种高精度（PPM级）多功能气体泄漏检测仪，它集气体泄漏预定位、精定位、监测气体爆炸下限以及气体浓度检测等功能于一身，可以精确、可靠地完成全部的燃气泄漏检测工作。与之相配套的探头有手持式探头、钟型探头、地毯式探头（推车式）和锥形探头，同HS680相同。

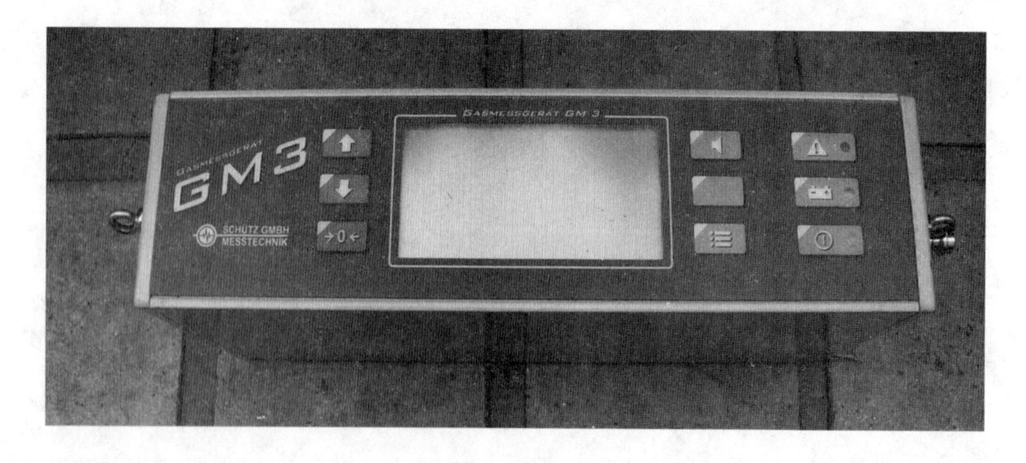

图3-14 GM3气体泄漏检测仪

图3-15 GM3气体泄漏仪检测

5.3 钻孔机具及开启阀井盖的全套工具

根据不同的地面情况，可采用多种地面钻孔设备。如图3-16所示为防电探杆，是检漏工作所需的一种防护工具，以避免在开凿探孔时不慎碰撞高压电缆而发生触电意外；每支防电探杆都装有绝缘外层手柄，能抵挡高达22KV的交流电。另外，防电探杆可根据不同的需要而更换不同长度的探头，以限制其贯穿深度。管道上方为绿化带或沙、碎石、土质路面时采用防电探杆钻孔。

图3-16防电探杆

小提示

①在开凿探孔前，必须确定在钻探范围内的电缆及其其它埋地设施的正确位置，可根据有关图纸、设施井的位置或者使用电缆探测器等来确定；

②在正常情况下应以破坏掉紧固致密的人工路面为限制贯穿深度，即道路的厚度；

③ 尽可能使用探杆开凿探孔，只有在路面太坚硬而无法贯穿时才可使用石钻。

在路面上打钻孔的目的是使泄漏的燃气冒出地面，然后用检漏仪检漏。这对铺设在沥青或水泥地面下面的燃气管道检漏来说是至关重要的。如图3-17所示为路面钻孔机，使用路面钻孔机，其作用是快速在路面上沿着管道走向，钻一排Φ18mm-22mm很小的探孔，与以前的风镐开孔对路面破坏性大不同，由于对路面并无损坏，因此涉及不到与市政部门的交涉。

图3-17 路面钻孔机

查到漏点后，及时、快速地进行开挖、修复，如图3-18所示为液压破路锤。

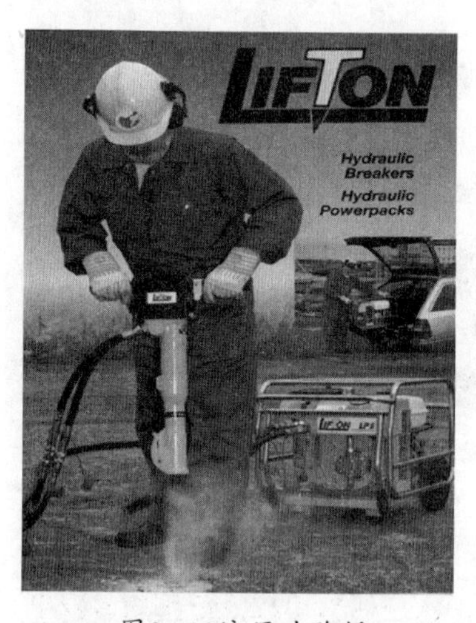

图3-18液压破路锤

5.4 便携式燃气检测仪

如图3-19、20所示为XP-311A便携式燃气检测仪及吸入管构造图。

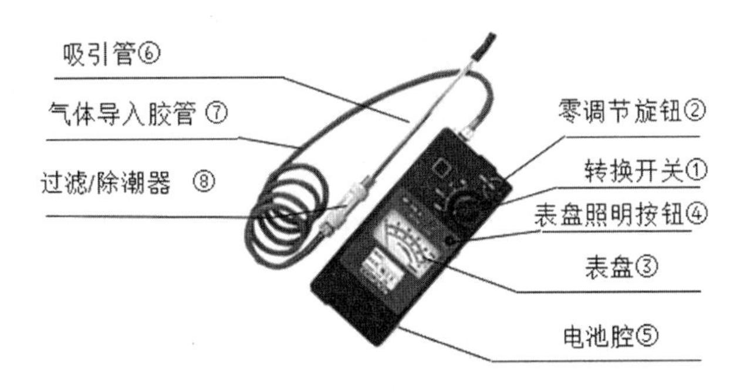

图3-19 XP-311A便携式燃气检测仪

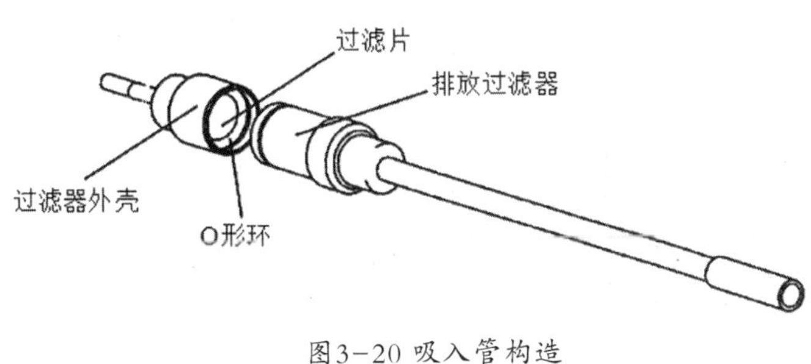

图3-20 吸入管构造

5.5 车载式燃气管道泄漏检测技术

如图3-21所示为燃气泄漏检测车，燃气泄漏检测车是在车辆上安装泄漏检测设备，当检漏车在埋设有燃气管道的路面上方或附近行驶时，能够快速、准确地进行管道泄漏检测，判断管道是否泄漏及泄漏的程度。该检漏车通过泵吸技术，应用火焰离子技术，能以灵敏度1PPm的精度对泄漏的碳氢化合物气体进行检测，检测埋地管线、设备、阀门井的可疑漏点位置确保管线安全运行。该技术用于动态地管理，适用于大面积的管网普查，粗略地查找到漏点位置。

图3-21 燃气泄漏检测车

5.6埋地燃气管线图和记录表

如图3-22和表3-3所示分别为某地下管线示意图及燃气泄漏检测记录表，管线图能准确显示主干管及支管的位置、管道直径和材质、埋深、设计压力等参数。条件允许的情况下在图上标注好附近参照物和地下其他设施。

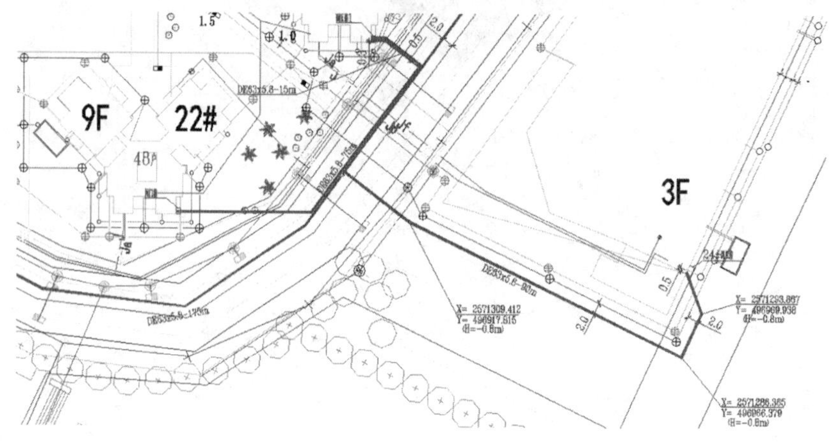

图3-22 埋地燃气管线图

燃气泄漏检测记录表　　表3-3

<table>
<tr><td>泄漏地点</td><td colspan="2"></td><td>编号</td><td></td></tr>
<tr><td>检测浓度值
（PPM或VOL%）</td><td></td><td>肥皂水测试是否连续冒泡</td><td></td><td>时间</td></tr>
<tr><td>其它描述</td><td colspan="5"></td></tr>
<tr><td colspan="4">管网维护（移交）</td><td colspan="2">应急抢修（接收）</td></tr>
<tr><td>巡检员</td><td colspan="3"></td><td>应急抢修员</td><td></td></tr>
</table>

5.7地下管线探测仪

燃气泄漏探测的前提是精确定位燃气管线，如果燃气管道的位置不清楚，加上天然气“乱窜”的特点，往往会在根本没有管道的地方发现它的踪影，因而没法找到漏点位置。因此，搞清管道的位置，并引导我们在地面沿着管道路径进行泄漏检测，就可避免因燃气“乱窜”造成漏点的错误判断，同时使用探管仪还可以在使用钻孔机钻孔或施工时能有效避开电缆或其他管线。

5.8个人劳动防护用品

检测人员应配备：安全帽、防静电服、防滑\防刺穿\防静电鞋、反光背心、防噪音耳套。

* 6.燃气泄漏检测周期。

根据《城镇燃气设施运行、维护和抢修安全技术规程》的规定，地下燃气管道的泄漏检查应符合下列规定。

① 高压、次高压管道每年不得少于1次；

② 聚乙烯塑料管或设有阴极保护的中压钢管，每2年不得少于1次；

③ 铸铁管道和未设阴极保护的中压钢管，每年不得少于2次；

④ 新通气的管道应在24h之内检查1次，并应在通气后的第一周进行1次复查。

上述规定是最低检查周期的要求，各地燃气供气企业应根据管道的类别及其风险程度决定其检测频率。

* 7.燃气泄漏检测的场所。

燃气泄漏检测须沿着管线探测，并特别注意路面不连贯的地方，主要针对在役钢质燃气管道、阀门和凝液缸等，以及管道、设施两米范围内的给排水井、污水井、强弱电井、沟、电缆沟、排洪暗渠等市政设施和地下室（地下停车场）等地下建（构）筑物，此外还需对外露管接口及锈蚀的部分进行探测。

其中对燃气管道设施阀门、凝液缸、直埋阀门及其放散管应开盖检查，其余不开盖就能检测的情况则不要求开盖。

* 8.燃气泄漏检测的方法。

检测时可采取如下方法进行检测：

⑴钻孔查漏定期沿着燃气管道的走向，在地面上每隔一定距离钻一孔，用嗅觉或检测仪进行检查。可根据竣工图查对钻孔处的管道埋深，防止钻孔时损坏管道和防腐层。发现有漏气时，再用加密孔眼辨别浓度，判断出比较准确的漏气点。对于铁道、道路下的燃气管道，可通过检查井或检漏管检查是否漏气。

⑵挖深坑：在管道位置或接头位置上挖深坑，露出管道或接口，检查是否漏气。深坑的选择，应结合影响管道漏气的各种原因综合分析而定。挖深坑后，即使没有找到漏气点，也可根据坑内燃气味浓度程度，大致确定漏气点的方位，从而缩小查找范围。

⑶地下管线的井、室检查：地下燃气管道漏气时，燃气会从土层的孔隙渗透至各类地下管线的窨井内，在查漏时，可将检查管插入各类窨井内，凭嗅觉或检漏仪

器检测有无泄漏燃气。

⑷ 植物生态观察：对邻近燃气管道的绿化树木等的生态观察，也是查漏的有效措施。如有泄漏，燃气扩散到土壤中，将引起花草树木的树叶变黄，甚至枯死。

⑸ 利用凝水缸的抽水量判断检查：燃气管道的凝水缸需按期进行抽水。若发现水量骤增，情况异常，应考虑是否地下水渗入排水器，由此推断燃气管道可能破损泄漏，须进一步开挖检查。

（6）检漏车通过取样探测器连续地对车辆前方地面气体取样，用氢焰离子型燃气检测器连续地检测、识别，并作记录。

（7）城市地下输气管道多数埋于水泥沥青路面以下，泄漏的气体会沿着地下裂缝、暖气沟、电缆沟、疏松土壤等地下通道窜流到远的地方，仅用检漏仪查漏定点，不能解决此类问题，用地下管道防腐层探测检漏仪配合使用，能很快定位气体泄漏点。

*9.燃气泄漏点的普查。

检测时先采用检漏车进行管网普查，粗略查找漏点位置，巡检时，一般配备两名专职驾驶员驾驶车辆，每驾驶一小时更换位置，车速保持在15～20km/h。在发现疑似燃气泄漏时，在注意路面安全情况下应立即停车，用相关浓度检测仪进一步定性分析。在检漏车不方便行走的地方，主要采取人工徒步行走，携带检测仪器及合适的探头全程“地毯吸尘式”检测，要求检测速度应控制在1—2公里/小时。

仪器必须在新鲜空气中开机，通常仪器开机后可以完成自动归零，当空气中有甲烷等气体存在，或发生零点漂移，此时仪器暖机后不能回到零点，才可以使用自动归零。

探孔内有水时，严禁使用锥形探头检测，应替换为钟型探头检测。

在使用手推车探头检漏时，遇到地面有积水时，应避开这些地段，应在干燥的地段巡检。

使用手推车探头进行检漏时，行驶速度控制在2～3公里/小时，吸泵流量选为1.0～1.2L/min。在行进中应速度均匀，不要忽快忽慢。报警点浓度应选在20～50ppm之间，发现泄漏后应及时进行精定位。

应经常保持探头的清洁。纸介过滤器应每天进行清洁，严禁用水清洗，可震动、或用拧干的布进行擦拭或用4～8公斤/cm²的压缩空气通过“吹扫”的办法将过滤器上的灰层吹掉。

小提示

在恶劣的天气情况下，如遇强风或大风，测量的有效程度会大大减低。如遇恶劣的天气，组长应根据当地情况决定是否继续或暂停有关的测量。

*10.乙烷分析。

当检漏仪测到有天然气浓度值时，由于天然气和沼气的主要成分都是甲烷，为了区分出现的气体是天然气还是沼气，在现场，使用HS680仪器分析被测气体中是否存在乙烷，从而区分被测气体是天然气还是地下沼气或其他可燃气体，提前判断分析目标气体是否是天然气可避免盲目开挖、错误判断而造成的损失和事故，如图3-23所示。

图3-23 乙烷分析仪检测

具体操作步骤如下：

① 使用锥形探头和探头连接软管，将锥形探头插入探测孔中，通过软管将探头和仪器连接在一起，当样气浓度大于1%vol时，将出现相关图标，提示此时可以进行气体取样。

② 当测量值稳定后，按下OK对应的功能键，按下相应的功能键添加新鲜空气。建议断开仪器和探头的连接，把仪器带到空气新鲜的地方，在燃气浓度较高的地点应注意风向。

③ 按相应的功能键，保存测量结果。

④ 乙烷分析仪结果分析，如图3-24所示。

*11.确定漏气范围。

根据检测情况，选取一些典型的数据，将那些泄漏量即浓度较高点进行记录，以此作为确定漏气范围的依据，记录的数据填写在表3-4中。

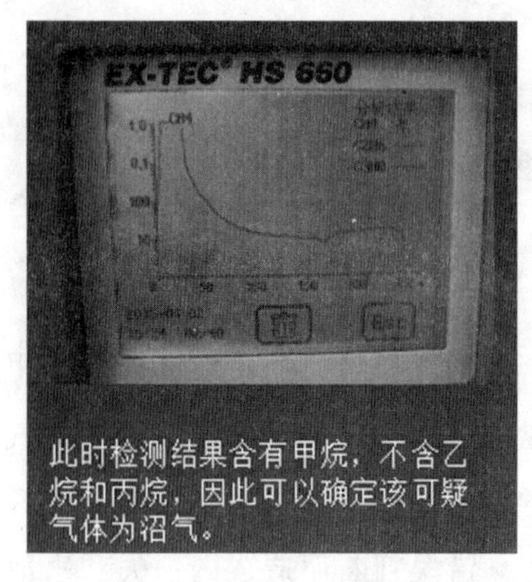

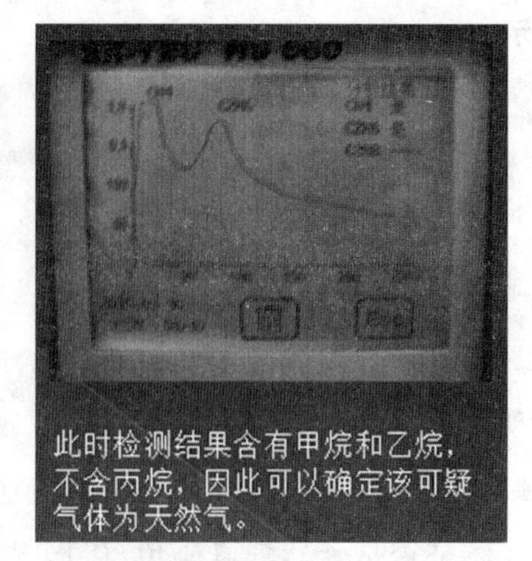

图3-24 乙烷分析仪结果分析

地下中压燃气管网设施燃气浓度巡检记录表 表3-4

序号	地下燃气管道及设施位置	燃气管道	燃气设施及周边检测点					其它
			检测孔	地下室	燃气设施	污水井	电缆沟	电信井
1								
2								
3								
4								
5								
6								
巡检情况说明：								
巡检要求： 1、巡检人员按照规定周期实施巡检； 2、巡检情况正常的在巡检记录栏内打“√”； 3、巡检发现问题时打“X”，并在巡检情况说明栏内详细说明，并组织处理，形成隐患处理的闭环。								

小提示

沿管线的沙井、阀井及凝水缸井检测时，在可行的情况下，打开在沙井盖、阀井盖及凝水缸井盖进行测试及检查。打开井盖前应先探测盖面四周空隙，以检查是否有严重泄漏或气体积聚。打开井盖前应先在盖的四周浇水，以减少产生火花机会，若井盖难以开启，可用铜锤敲击井盖边缘，使井盖松动，使用铜锤敲击井盖时，应佩戴耳塞，如图3-25、3-26所示。大型井盖应使用杠杆式器材以降低风险。

图3-25 用水淋湿井盖四周

图3-26 用铜锤敲击井盖

***12.打孔探测——以最大浓度点为中心两边依次打孔，打孔间距按漏气范围确定。**

根据埋地燃气管线布置图，探孔应打在距离燃气管道0.5米至1米的一侧，探孔之间的间距为1米至2米（一般为1.5米），探孔的深度接近管道深度，如图3-27所示。

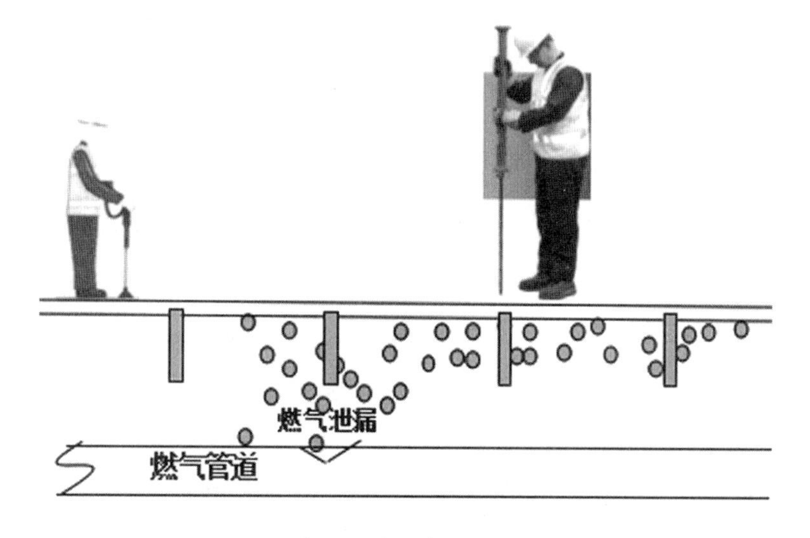

图3-27 钻孔探测

小提示

①在开凿探孔前，必须确定在钻探范围内的电缆及其它埋地设施的正确位置，可根据有关图纸、设施井的位置或者使用电缆探测器等来确定；

② 不得直接在燃气管道及其他管道和设施上打探孔；

③ 打探孔时不得用力过猛，防止损坏设备及地下燃气管道；

④ 当遇到障碍物打不动时就不能继续往下打，防止损坏其他管道和设施。

⑤当燃气管道在水泥路面下而无法打探孔时，可以在相对较近的土质地面上打探孔；

⑥在正常情况下应以破坏掉紧固致密的人工路面为限制贯穿深度，即道路的厚度；

⑦ 操作探杆的工作人员，应佩戴防护眼镜、手套和安全工作鞋；

⑧在操作过程中，确保手、脚和探杆头的距离，探杆应尽量远离身体和头部；

⑨在探杆插入地面后，请勿触摸金属探杆，探杆有可能会接触到电缆线，以免引起触电；

***13.探测浓度最大点——用检测仪对各钻孔以相同的时间记录检测数据，数据变化快的接近漏气点。**

如图3-28所示为检测仪检测各探孔浓度，检测数据和说明应详细标示在图纸相应位置上，并将统计数据记录在表3-4中，检测到的泄漏点需作现场标记定位，可采用三点定位，如图3-29所示。核实所检测的浓度数据是否达到燃气公司规定的控制范围，以便进行后续的抢维修作业。

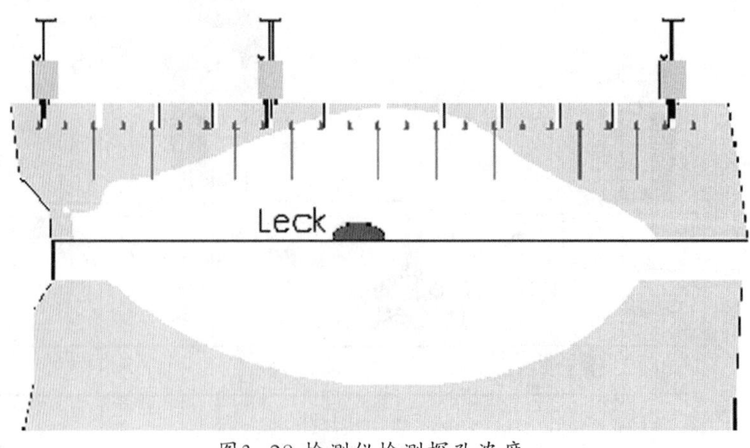

图3-28 检测仪检测探孔浓度

图3-29 三角定位

小词典

检测点的定位一般以附近的永久或相对规定的建构筑物作为参照物，也可以将附近的燃气管线标志桩作为参照物，用三角定位法，确定监测点与参照物之间的距离，并作为记录。

小提示

检测队应留意探测器的显示是否源于以下的因素：

1.腐烂的动植物；

2.化学工厂及其它制造商的气味；

3.石油气；

4.刚油过漆的物体；

5.气化的液体燃料；

5.污水沟透气管；

6.电缆故障等。

*14.燃气泄漏检测的安全要求。

① 对燃气管道进行泄漏检测时，严禁明火。

② 在沟槽内进行检漏时，严禁掏洞操作，沟槽上必须留一人观察情况。

③在探测到漏点时，必须立即按照应急预案组织抢修，杜绝事故，如一时找不到漏气处，应立即报告上级。

④在对燃气管线、设施及地下构筑物进行检漏时，要同时检查阀门井的完好

程度，定期排出凝水缸的冷凝水；此外，还要检查离燃气管道两侧一定宽度内的阀井（给排水、热力、通讯、动力电缆井）、地下干管、地沟、人防、地下室等位置处，在检查这些密闭空间时须特别小心谨慎，并且在进入该类场地时注意个人安全。

⑤ 夜间作业必须穿反光衣，设置反光雪糕筒。

⑥为了避免高空坠物与交通事故，检测员在小区，在建工地，道路，以及探测人员认为会发生高空坠物事故的庭院工作时必须佩戴全套的安全防护。

⑦工作时马路上的灰尘或噪音会对检漏人员的身体健康造成影响，对于噪音将定期发放PPE防噪音耳套，吸入灰尘方面，公司每年的体检中将对相应器官重点检查与关注。

*15.燃气泄漏检测过程中可能遇到的几种情况及其判断方法。

①地上可燃气的干扰

机动车的尾气排放有可能造成仪器的误报警，当机动车离开后，报警会自动停止。如报警持续不断，还应观察周围是否有其他挥发性可燃物的存在。如没有，方可考虑是地下燃气泄漏后的上窜。

②下水道等地沟沼气的干扰

这是最常见的一种误报警，解决的办法首先是询问最近的住户，请他们指明下水道的准确位置，以了解管道同下水道的距离关系，从而设计出若干钻孔点，最后通过对气体的浓度和稳定情况来判断是漏点还是干扰，可借助检漏仪的乙烷分析功能。

③相邻管道漏点的干扰

在确定漏点并开挖后发现目标管道完好无损，在其他可能的干扰都排除后，就要考虑相邻管道泄漏的可能。

*16.燃气泄漏处理措施。

如已确定是下列任何一种情况时，测量队须立即采取行动：

①从公众、公安局或有关机构接获气体泄漏报警；

②发现任何气体泄漏迹象；

③有迹象显示楼宇内或楼宇下有燃气积聚；

④有迹象显示电信线套筒、井室或地下空洞内有燃气积聚；

根据燃气供气公司对于气体泄漏类别的划分和应急流程进行上报和应急维修。具体的抢修步骤请参见学习任务“燃气管网抢修抢险”。

知识拓展

典型事故案例分析

案例1：观看“1996年波多黎各圣胡安市瓦斯爆炸”视频，结合本节知识分析引起此次爆炸事故的原因及应采取的正确措施。

____

____

____

____

____

____

____

三、评价与反馈

1、学习自测题

（1）填空题

① 天然气的爆炸浓度范围是________。

② 地上燃气管道及设备常用的检漏方法________________、________________、________________。

③________________可燃气体和空气的混合物遇明火而引起爆炸时的可燃气体浓度范围称为________________。

④ 天然气以________________为主要成分，同时还含有少量的二氧化碳、硫化氢、氮和微量的氦、氖、氩等气体。

⑤ 天然气的密度比空气________________，液化气的密度比空气________________。

⑥ 液化石油气的爆炸极限是________________。

⑦ 在机动车道进行检测时，需设置有效的______。检测人员需佩戴________，防止交通事故。

⑧ 草地、凹凸不平的土质地面、铺砖地面、沥青地面以及水泥地面等用______探头检测。

⑨气体检测仪使用完毕时，应先将仪表置于新鲜空气中，等仪表读数回复到________________方可关机。

（2）问答题

① 管网检漏作业的操作内容有哪些？

② 简述地下燃气管泄漏检查有哪些方法？

2. 学习目标达成度的自我检查，请将检查结果填写在表1-5中。

表3-5

序号	学习目标	达成情况（在相应的选项后打"√"）		
		能	不能	不能是什么原因
1	能识别阀室、阀井、阳极井、污（雨）水井、电缆沟、地下室（地下停车场）等地下建（构）筑物的标识			
2	总结出燃气浓度检测方案的内容和泄漏特征			
3	能正确使用探测工具进行燃气浓度的探测			
4	能制定简单的燃气浓度检测方案			
5	能进行探漏作业的安全防护			

3.日常表现性评价（由小组长或者组内成员评价）

(1)工作页填写情况。

A、填写完整 B、缺失20% C、缺失40% D、缺失40%以下

(2)工作着装是否规范？

A、穿着校服（工作服），佩戴胸卡 B、校服或胸卡缺失一项 C、偶尔会既不穿校服又不戴胸卡 D、始终未穿校服、佩戴胸卡

(3)能否主动参与工作现场的清洁和整理工作？

A、积极主动参与5S工作 B、在组长的要求下能参与5S工作 C、在组长的要求下能参与5S工作，但效果差 D、不愿意参与5S工作

(4)是否达到全勤?

A、全勤 B、缺勤20%（有请假） C、缺勤20%（旷课） D、缺勤20%以上

(5)总体印象评价

A、非常优秀 B、比较优秀 C、有待改进 D、急需改进

(6)其它建议。

小组长签名： 年 月 日

4.教师总体评价

（1）对该同学所在小组整体印象评价

A、组长负责，组内学习气氛好；

B、组长能组织组员按要求完成学习任务，个别组员不能达成学习目标；

C、组内有30%以上的学员不能达成学习目标；

D、组内大部分学员不能达成学习目标。

（2）对该同学整体印象评价

教师签名： 年 月 日

学习任务4　燃气管网抢修抢险

学习目标

完成本学习任务后，你应当能

1. 完成燃气管网抢修的一般流程的编写；
2. 能对抢修现场进行有效的安全控制；
3. 根据现场选择合适的抢修工具；
4. 根据PE管和钢管的抢修工艺和流程进行抢修作业；
5. 能正确填写抢修记录表。

建议完成本学习任务为20课时

学习内容的结构

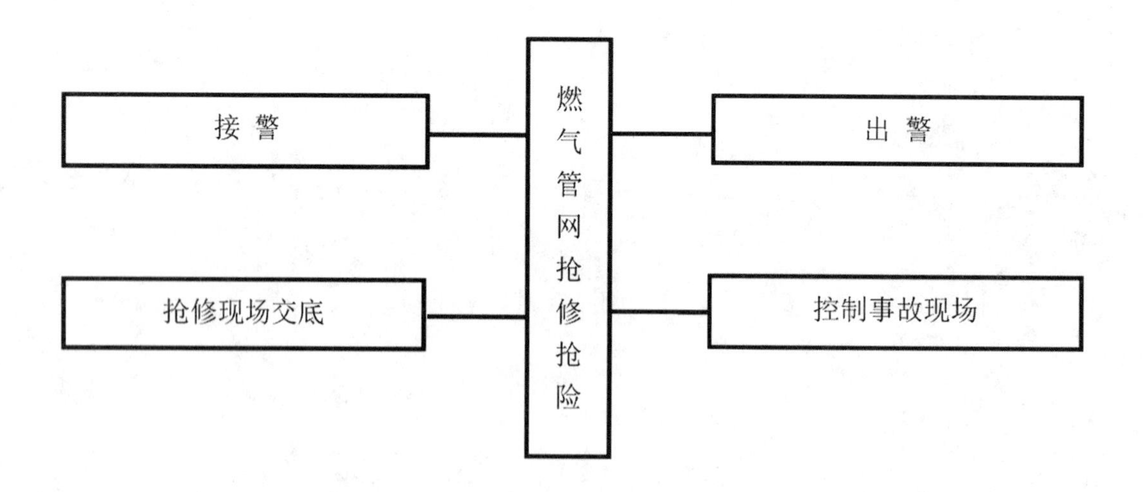

学习任务描述

根据《城镇燃气设施运行、维护和抢修安全技术规程》和燃气抢修抢险流程，选择合理的抢修设备和工具，并在做好安全防护措施的情况下进行抢修抢险。

一、学习准备

*1.引发燃气管网事故的危险、有害因素分析。

1.1物理性危险和有害因素

①因管道防腐层破损导致外壁腐蚀穿孔引起天然气泄漏。

②阀门失修，存在内漏或外漏现象。

③设备本体（阀门、凝液缸、放散管等）损坏引起天然气泄漏。

④应力引起管道开裂导致天然气泄漏。

⑤偷盗天然气管道上方的覆土，针对供输设备及附属设施的偷窃等违法犯罪行为危及天然气管线的安全运行。

⑥河水冲刷导致的河道两岸河堤塌方，管道裸露；热胀冷缩和自然沉降导致燃气管道下沉、接口松动甚至断裂。

⑦自然灾害（台风、山体滑坡、潮汛、雷击、地震等）造成燃气事故：供气短时期内无法平衡，因气候突变而形成的极端用气峰谷；雷击造成燃气设施的损坏等；地震造成燃气生产设施、输配管线设施等的损坏。

小词典

应力开裂：施工过程中，管材从制造、运输、装卸、下沟回填，直至投产过程中，不断受温度变化，挤压摩擦，自身重力和惯性力的交变影响，从而产生各种不同程度的应力，弯头、焊接缺陷是管道的薄弱环节，应力集中容易在此处发生，并导致管道变形或裂纹。

1.2行为性危险和有害因素

①因城市基础设施建设需要，在天然气管线附近进行的高架道路、桥梁及其他管线等建设施工对管道及设备造成破坏。

②在天然气管道上方搭建构筑物（码头）、堆场、重型车辆频繁碾压、铁路穿

越等造成天然气管道不均匀沉降。

③第三方施工时人工或机械开挖直接损坏天然气管道引起天然气泄漏。

④第三方施工时造成地面滑坡或塌陷，造成天然气管道断裂或严重变形。

*2.事故分类。

①无泄漏事故。

②轻微泄漏。

③大量泄漏或者管道爆裂。

*3.抢修原则。

抢修作业时应依照以下优先次序实施作业：

①保障生命安全。

②控制气体泄漏及抢险 。

③保障财产安全 。

④确定泄漏起因并填写抢险作业单 。

*4.抢修一般规定。

根据《城镇燃气设施运行、维护和抢修安全技术规程》内容，规定如下：

①所有抢修人员需进行专门的培训，持证上岗。

②抢修队伍配备的所有抢修车辆、机具和检测仪器必须工作状态良好。

③抢修队伍必须在接警后尽快到达事故现场。

④城镇燃气设施抢修应制定应急预案，并应根据具体情况对应急预案及时进行调整和修订。应急预案应报有关部门备案，并定期进行演习，每年不得少于1次。

二、计划实施

* 5.燃气管网抢修抢险基本流程图。

如图4-1所示为燃气管网抢修抢险基本流程图。

图4-1 燃气管网抢修抢险基本流程

*6.接警。

接警的步骤或程序如下：

①负责接听电话的人员（接线员）应在铃声响起3声之内接听电话。

②接听报警电话时，详细询问事故地点、有无泄漏、火灾、爆炸，报警人姓名

和联系电话等信息，对报警内容重复确认后，予以记录。

③接线员应根据报警的事故地址，在2分钟内将事故的基本信息通知到负责该事故区域抢修的抢修点。

④抢修点人员接到报警信息后，应予以确认。

⑤接线员未接到抢修点对报警信息的确认时，应再次将报警基本信息传送到负责抢修的报警点，并通知到抢修负责人。

接警的记录表格如表4-1所示：

接警信息记录 表4-1

<table>
<tr><td>信息来源</td><td></td><td>汇报人</td><td></td></tr>
<tr><td>汇报时间</td><td colspan="3">年 月 日 时 分</td></tr>
<tr><td colspan="4">事故类型：</td></tr>
<tr><td colspan="4">事故地点：</td></tr>
<tr><td colspan="4">事故点联系人：</td></tr>
<tr><td colspan="4">预计事故事态发展情况：</td></tr>
<tr><td colspan="4">需要救援内容：</td></tr>
<tr><td colspan="4">通知协作方：
·土建单位
·运输单位
·仓库管理人员
·其他相关</td></tr>
<tr><td>信息接受人（签名）</td><td></td><td>接收时间</td><td></td></tr>
</table>

小提示:

城镇燃气供应单位应设运行、维护和抢修的管理部门，并应配备专职安全管理人员；应设置并向社会公布24h报修电话，抢修人员应24h值班。运行、维护和抢修及专职安全管理人员必须经过专业技术培训。

抢修队员通讯工具须24小时保持畅通。

接警后应根据报警信息对事故等级作出初步判断：若为轻微或一般燃气泄漏事故应立即通知抢修值班人员赶往现场；若为严重泄漏或因燃气泄漏引起的其他严重事故应立即启动公司应急预案。

*7.出警。

① 着装准备

接警后，参与抢修的抢修队员必须按要求穿戴公司统一发放的劳动安全防护用品（防静电服、工作鞋、反光背心、劳防手套及安全帽等），且干净整洁，佩戴工作证。如图4-2所示。

图4-2 抢险人员着装

小提示

根据事故现场的实际情况，个人的防护用品可适当增加：雨鞋、防火服、防水服、护目镜、安全带、防静电鞋、正压呼吸器、雨衣等。

② 人员车辆准备

接到抢修信息后，抢修人员、车辆应做好出动准备。

小提示

抢修人员、车辆出动按照就近、最快到达现场的原则，负责值班的抢修队员、车辆应随时处于待命状态。

③ 设备材料装车

抢修人员迅速将抢修所需材料、设备、机具装车，包括抢修设备及工具、抢修材料、电源及照明设备、开挖工具等。如图4-3、4-4所示。

图4-3 抢修车辆

图4-4 抢险材料、设备、机具装车

具体所需的材料、设备、机具所备材料要完全满足现场抢修需要，一般燃气企业都配有《抢修车车载工具清单》，抢修所需装备和材料如表4-2所示。

地下抢修货车车载工具列表 表4-2

种类	序号	工具/设备名称	备注
工具箱	1	非防爆工具箱	
	2	防爆工具箱	
	3	零配件箱	
	4	一般工具箱	
	5	防水配电箱	
警示类	1	警示灯	
	2	警示带	带反光，可反复使用
	3	警示桶	雪糕筒
	4	警示牌	1、路面指示牌（带反光）：燃气抢修 绕道行驶 2、现场指示牌（带反光）：燃气抢修 禁止进入 3、现场指示牌（带反光）：安全通道
消防类	1	灭火器	干粉
	2	消防水带	
	3	直流/喷雾水枪头	可切换直流、喷雾
	4	消防扳手	
检测仪器类	1	气体浓度检测仪	CH4
	2	气体泄漏检测仪	CH4
	3	多用途燃气检测仪	检测CO、O_2、H_2S、可燃气体的浓度
	4	打孔洞杆	气体检测辅助

地下抢修货车车载工具列表 续表4-2

种类	序号	工具/设备名称	备注
劳保类	1	太阳伞	用于露天作业辅助
	2	防毒面具	用于防护有机可燃气体，有毒有害气体。
	3	安全绳	
	4	安全带	
照明通风类	1	移动式防爆照明灯	分可自带电源与外接市电
	2	防爆头灯	按照抢修人员数量配备
	3	防爆风机	吹散可能聚集的气体
	4	帆布风管	配合防爆风机使用
非防爆工具箱	1	呆头扳手	
	2	梅花扳手	
	3	活动扳手	
	4	尖嘴钳	
	5	钢丝钳	
	6	断线钳	
	7	一字螺丝刀	
	8	十字螺丝刀	
	9	管钳	

地下抢修货车车载工具列表 续表4-2

种类	序号	工具/设备名称	备注
防爆工具箱	1	梅花扳手	分单头和双头
	2	呆扳手	双头
	3	活动扳手	
	4	管钳	
	5	钢丝钳	
	6	尖嘴钳	
	7	十字螺丝刀	
	8	一字螺丝刀	
	9	铜锤	
	10	铜镐	
	11	铜撬棒	
	12	铜扁钩铲	
	13	铜尖头六角凿	
	14	铜扁头凿	
零配件箱	1	镀锌管配件	弯头、堵头、三通、活接、内外丝直通
	2	球阀	
	3	单双头螺栓	
	4	黄油、高压石棉垫片	
	5	防腐胶带	

地下抢修货车车载工具列表　　续表4-2

种类	序号	工具/设备名称	备注
一般工具箱	1	压力表	
	2	卷尺	
	3	剪刀	
	4	铁皮剪	
	5	钢丝刷	
	6	电源线	
	7	移动式防水电源接线板	
	8	试电笔	
	9	电工胶布	
	10	铲	
	11	镐	
	12	钢锯	
检测类	1	多用途燃气检测仪	可检测多种可燃气体
设备类	1	管子切断器	
	2	发电机	
	3	潜水泵	
	4	钻孔机	
	5	电镐	
	6	电锯	
	7	切割机	

地下抢修货车车载工具列表　　续表4-2

种类	序号	工具/设备名称	备注
设备类	8	套丝机	
	9	全自动电熔焊机	
	10	移动式防爆照明灯	
	11	防爆风机	
消防类	1	灭火器	干粉
焊工工具类	1	焊接防护面罩	
	2	焊钳	
	3	气割枪	
	4	焊条	
	5	氧气表	
	6	乙炔表	
	7	乙炔回火防止器	
	8	焊接护目镜	
电工类	1	试电笔	
	2	数字万用表	
	3	电工胶布	
	4	电工刀	
	5	斜口钳	

④　抢修人员出动后，应与报警人员或接线员（值班负责人）保持联系，确定现场详细情况，并确保快速赶到现场，如有特殊情况，及时告知值班负责人。

小提示：

抢险人员到达现场后，司机将抢修车停在既不影响交通又方便抢险的位置，所有抢修车辆都应停在施工安全区外的指定停放地点，车头朝向与疏散方向一致，现场指挥拿出图纸做好指挥前的准备，并将到达现场的信息报告给调度中心。

***8.抢修现场接收。**

8.1抢修现场交底

抢修队员到达现场后，现场总指挥根据管网图，核实报警点周边管网分布情况及用户分布情况，确定现场浓度检测路线，进行人员分工，分工内容包括：阀门控制、现场浓度检测、安全警戒及疏散，以及做好作业前的各项安全防护措施。

如图4-5所示为现场总指挥进行抢险作业前的安全教育、技术和任务交底，安全技术交底的内容如表4-3所示。

图4-5现场接收

抢修现场安全技术交底记录表 表4-3

项目名称		时间	年　月　日
一、技术交底内容：			该项是否交底
明确作业内容和人员分工，遵守“三不动火”规定，严格按方案内容施工，遇到不符之处，及时报告现场指挥；作业中听从现场指挥指令，严格按照集团公司各项作业操作规程要求进行作业；			√
余气放散：按作业方案及现场指挥要求实施放散作业；			√
管道连接：连接前对管材、管件仔细核对，并在施工现场进行外观检查，符合要求方可使用；按要求连接示踪线并在管道上方30cm处埋设PE盖板；			√
查漏、置换：焊接完毕对焊接点做外观质量检查、焊口查漏及燃气置换；			√
土方回填：回填土分层夯实，回填土内不得有砖块等杂物，管道周围填干河沙或石粉，阀门井、标志桩等附属设施埋设符合现场作业及有关规范要求；			√
二、安全交底内容：			
1、作业前，由作业队长组织作业人员进行5分钟安全活动； 2、设置警戒区域，严禁无关人员进出作业现场；施工时注意避免扰民。 3、进入施工现场正确穿戴个人防护用具，禁止各项违章作业； 4、施工期间，按规定在碰口作业点附近配备防爆风机，对操作区域进行持续吹扫。并定时用浓度探测仪探测操作区域内燃气浓度，保证施工安全； 5、每个作业点至少配置两个灭火器，警戒区域内严禁抽烟等产生明火的行为； 6、严格遵守公司的有关安全规定，按《施工安全管理制度》执行；			√
7、其他安全事项补充说明： 注意施工噪音对居民的影响			
交底人：			

8.2设备材料摆放

抢修队员应根据现场情况摆放所需设备和材料，做到轻拿轻放，严禁随意抛、扔、摔、砸，在安全、方便的原则下对设备及材料进行有序摆放，如图4-6所示。

图4-6 工具摆放

小提示

抢修机具从车上卸下后应放在施工安全区内距泄漏点5米外并要在上风口。发电机应放在施工安全区外并要在上风口。

*9.控制事故现场。

抢修队员根据现场指挥的分工及安排立即使用燃气检测仪器测量现场地面及其它管道井内燃气浓度，确认燃气扩散的范围，并将检测结果通知现场指挥，填写相关记录表，如表4-4所示。根据现场的风向及现场环境等实际情况，从燃气浓度低于爆炸下限的地方向外扩张10-30米作为警戒区。使用燃气抢修标志带作为警戒标志，并用抢修车辆上的警灯作为警示。

9.1浓度检测仪直接检测

检测人员使用燃气检测仪器、井钩、照明等工具，以事故点为中心，采取先近后远的原则对周边管道井（下水道、电信井、供电等）内燃气浓度进行监测，以便确认地下泄漏的燃气是否有扩散至其它管线井。需对周边报警点管线上方的检测孔、阀门井、凝水器井、放散管井以及附近的污（雨）水井、上水阀井、电缆沟、地下室（地下停车场）等地下建（构）筑物进行检测。

对事故点周围的每个检测井做好图示记录，记录的内容包括所检测井的性质、方位、与事故点距离、检测仪数值。对检测有数值的相邻管道井，应立刻上报负责人，组织人员对该井使用防爆风机进行强制排风，或由消防人员进行喷淋对散发的气体进行稀释，并由检测人员每隔2-3分钟复检一次，以便跟踪井内燃气浓度是否有继续上升现象。

检测时，需将检测仪探头放入被检测空间的底部，停留一定时间（3—5秒）后从检测仪上读取数据，如图4-7所示，具体检测方法详见学习任务“燃气泄漏探测”。

小提示

检测时探头不能浸入水中，不能被赃物污染和堵塞，以免影响检测仪的灵敏度。

图4-7 浓度检测仪检测阀门井

9.2打探孔浓度检测

由于土建或市政施工使用机械开挖或打桩造成泄漏的，位置较易确定，应用人工进行开挖，挖出泄漏管道后，对管道进行降压处理，经检测周围燃气浓度不在爆炸极限范围内时，才可使用机械开挖。

对由于地下管道腐蚀穿孔，开裂或应力原因造成泄漏的，地面无明显开挖迹象的，不易确定泄漏点。应循下列途径进行查找：由下风向往上风向进行查找，使用检测仪或凭嗅觉进行判断；使用检测仪对附近的管线井或检查井进行检测，以确定泄漏目标段或泄漏点；查看附近有无枯萎的植物。

用上述方法未能查到漏点的，可使用钻孔法查找，使用钻孔设备，按设备的使用说明进行操作。

对报警点周边沟井及地下构筑物进行浓度检测外，还需在周边进行打探孔浓度检测。

检测时，需用专用设备在燃气管道旁边的地面上垂直自上而下打出探孔，然后用浓度检测仪对探孔内泄漏气体浓度进行检测，如图4-8所示，具体方法详见学习任务“燃气泄漏探测”。

图4-8 钻孔探测燃气浓度

小提示：

不得直接在燃气管道及其他管道和设施上打探孔。打探孔时不得用力过猛，防止损坏设备及地下燃气管道。当遇到障碍物打不动时就不能继续往下打，防止损坏其他管道和设施。

小词典

探孔应打在距离燃气管道0.5米至1米的一侧，探孔之间的间距为1米至2米（一般为1.5米），探孔的深度在0.5米至1米。当燃气管道在水泥路面下而无法打探孔时，可以在相对较近的土质地面上打探孔。

如附近的路面或检查井内燃气浓度较高时，在查找漏点的同时，使用防爆风机进行强制排风，或由消防人员进行喷淋对散发的气体进行稀释。

抢修现场气体浓度检测记录表　　表4-4

<table>
<tr><td>项目名称</td><td colspan="6">XXX抢修工程</td></tr>
<tr><td rowspan="4">作业现场
燃气泄漏
浓度检测</td><td colspan="6">检测说明：
1、作业前对事故点附近的阴井、地沟等处进行浓度检测，可燃气体浓度值(%LEL)在其爆炸下限的20%以内为合格；(无)</td></tr>
<tr><td>位　置</td><td></td><td></td><td></td><td></td><td></td></tr>
<tr><td>浓度值</td><td></td><td></td><td></td><td></td><td></td></tr>
<tr><td colspan="6">测试人：　　日期：　　时间：</td></tr>
<tr><td colspan="7">作业队长：　　现场指挥：</td></tr>
</table>

9.3警戒与疏散

抢修人员在确认有燃气泄漏后，应根据燃气泄漏程度确定警戒范围，并将警戒范围圈成封闭区域，禁止外来火种引入抢修现场，防止无关人员及车辆进入警戒范围，必要时应立即联系公安、消防等相关部门协助抢修队疏散人员、疏导交通和进行现场警戒，如图4-9所示。

图4-9 现场警戒

抢修人员到达抢修现场后，在布置事故现场警戒、控制事态发展的同时，应积极救护受伤人员。

警戒时以事故点为中心，警戒人员按东南西北四个方位分布警戒。用浓度检测仪检测报警的区域，下风向根据风力大小相应向外围扩大。

警戒范围内严禁烟火，需专人值守。在警戒范围的边角上放上警示锥，将警示带系于警示锥上（也可直接系于现场的固定物体上），在不同方向,距离警戒范围3至5米的显眼位置放置“燃气抢修　请勿靠近”等警示牌。在警戒范围外侧的显眼、有利位置放置灭火器等消防灭火器材，如图4-10所示。

图4-10 警戒的要求

警戒同时还要求做好交通疏导工作,夜间还要增设反光指示牌、灯等疏导指示工具。警示带的高度不能偏高或偏低，在1米左右为宜。发现一个泄漏区域就警戒一个区域，如扩大检测范围，另外警戒。当发现泄漏气体浓度超过报警浓度后必须立即对该区域进行警戒。在警戒完成后警戒人员要立即采取措施熄灭警戒范围内及周边的一切火种。随着事态的发展、泄漏范围的扩大，警戒范围必须及时扩大。

在现场警戒的同时及时疏散现场无关人员，必要时应立即联系公安、消防等相关部门协助抢修队疏散人员、疏导交通和进行现场警戒。

疏散时将人员向上风向安全地带疏散，可根据情况采取口头引导疏散、广播引导疏散、强行引导疏散等方式。在疏散时，要求疏散指挥人员首先确认事故中的疏散方向，然后按照疏散路线疏散人员。如果可能威胁周边地域，现场指挥应当和当地有关部门联系，协助引导疏散。疏散人员在引导无关人员有序疏散后，应检查自己负责区域，在确保无人员滞留后方可离开。当事故升级后，疏散范围要及时扩大。

9.4事故管段降压

现场指挥人员应根据情况决定是否要关闭相关的控制阀门，并进行降压，降压时放散火炬应置于远离泄漏点，经检测燃气浓度确认安全的地方。

根据电脑GIS系统、AUTOCAD系统以及图纸等确认控制阀门编号、位置，停气范围及受影响用户数量。决定关阀停气，应由抢修中心通知受影响的居民和单位用户。

当事故现场为一般泄漏事故时，可采取降压输送的方式来确保事故不再扩展；当现场发生严重泄漏或火灾爆炸事故时，须即时关闭上下游阀门控制泄漏，在阀门两端设置压力监控点，如一级阀门无法密闭，迅速扩大停气范围，关闭二级阀门，待管道压力将为0时再实施抢修作业,如图4-11所示。抢修作业时，与作业相关的控制阀门必须有专人值守，并监视其压力。

图4-11 地下阀门隔离

小提示

当出现下列情况之一时应立即对事故管段降压：

①泄漏气体浓度达到爆炸下限20%（LEL=20）且在不断升高。

②泄漏气体浓度不断升高，防碍抢险工作的开展。

③电缆井、电讯井里浓度上升速度较快。

④其他需要降压的紧急情况。

9.4.1 控制阀门

a.确认事故片区内市政阀门位置准确；

b.必须与调度中心进行二次确认；

c.关闭阀门时，必须两人以上，并由现场监护确认；

d.填写《施工作业阀门操作记录表》；

e.在关闭阀门、切断气源的同时，必须通知调度中心；

f.在事故管段停气影响用户的正常用气达到48小时以上时，必须通知客户服务分公司相关部门采取临时供气方式保证用户的正常用气。

9.4.2燃烧放散

通过放散或用户自然用气降低事故管段压力，保持事故管段压力在0.03MPa左右，如图4-12所示。

图4-12 燃烧放散

管道放散操作时要求如下：

a.放散点应设置警戒区、配置灭火器，设置警示标志（包括警示牌、反光锥、闪灯）；

b.放散点应选择在地势开阔、通风及人员稀少地带，避开居民住宅、明火、高压架空电线等场所，当无法避开居民住宅等场所时，应采取防护措施；

c.两种途径进行放散，其一，将放散管设置在凝液缸或阀门井放散管进行放散；其二，可将放散管装在上升管阀门下放散阀处进行放散；

d.保证放散点空旷，放散口上方不得有电线、电缆等设施或其它易燃物（如树枝等）；排放点下风向20米、上风向15米范围内应设专人监护，放散口位于居民住宅下风向时的最小间距为10米。放散管火焰距离地面1.5米以上，并应设置阻火器和控制阀；

e.如放散点设置在机动车道上，应按交通法规要求（一般要求设置距离为50～100 米）设置施工警示标志（包括警示牌、反光锥）夜间作业还需安装闪灯；

f.放散燃烧作业前半小时，必须事先电话通知110，避免引起误报。

9.4.3压力监控

抢修人员需设置外、内围压力监控点，对外、内围管网进行压力监控，以确保内围压力及外围管网供气正常，同时可避免超出本次作业范围的燃气用户发生停气事故，并填写《地下管网压力监控记录表》。

***10.确定漏点和维修。**

10.1确定漏点及土方开挖

通过对泄漏区域进行探孔检测，根据泄漏气体浓度较高位置，确定泄漏点具体位置，并进行土方开挖。

抢修人员应根据管道敷设资料和现场指挥的要求确定开挖点，如图4-13所示，并对周围建（构）筑物进行检测和监测；当发现漏的燃气已渗入周围建（构）筑物时，应根据事故情况及时疏散建（构）筑物内人员并驱散聚积的燃气。

图4-13 根据图纸等资料确定开挖点

在开挖过程中，应连续监测开挖

点及周边环境的燃气浓度。当环境中可燃气体浓度超过爆炸极限下限时，必须强制通风，降低浓度后方可继续开挖。开挖时，应根据土壤性质和开挖深度确定操作坑的放坡系数和支撑方式。开挖过程中，必须设专人监护，如图4-14、4-15所示。

图4-14 开挖过程中强制通风和浓度监测

沟槽底宽和挖深

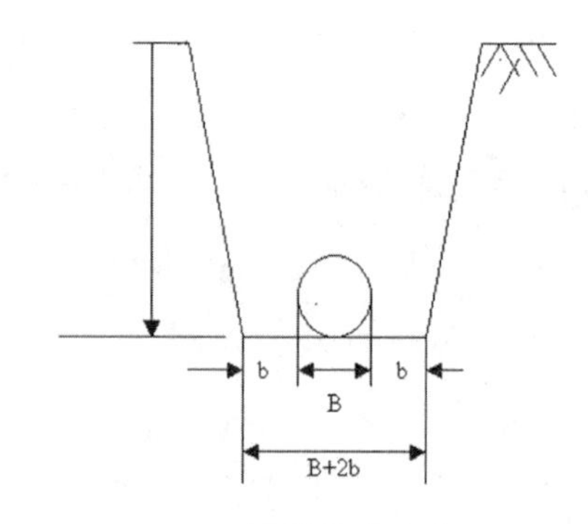

梯形槽的边坡

图4-15 开挖过程中注意放坡和支撑

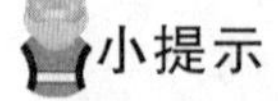
小提示

在存有危险的气体、蒸气、雾、烟、尘、氧气不足或温度极高的地方，必须装设机械通风设备，确保空间空气对流，排除有害气体及可燃气体，确保氧气含量充足。

10.2抢修作业现场的安全防护

进入抢修作业区的人员应按规定穿防静电服、带防护用具，包括衬衣、裤均应是防静电的。而且不应在作业区内穿、脱防护用具（包括防护面罩及防静电服、鞋），以免在穿、脱防护用具时产生火花，作业现场操作人员还应互相监护。

在作业区燃气浓度未降至安全范围时，如使用非防爆型的机电设备及仪器、仪表等有可能引起爆炸、着火事故，因此如需在作业区内使用电器设备、仪器仪表等

用具时，一定保证混合气体浓度在安全范围之内，在漏点维修作业过程中，也要实时进行维修点的浓度检测并做好记录，如4-5表所示如要进入有限空间抢修作业，还需办理“进入有限空间作业现场许可证”及填写有限空间作业气体。

浓度检测　　表4-5

<table>
<tr><td>项目名称</td><td colspan="6">XXX燃气抢修工程</td></tr>
<tr><td rowspan="4">作业现场
燃气泄漏
浓度检测</td><td colspan="6">作业过程中随时检测作业场所可燃气体浓度值(%LEL),浓度值过高时需采取相应安全措施，可燃气体浓度值(%LEL)在其爆炸下限的20%以内为合格；</td></tr>
<tr><td>操作坑</td><td></td><td></td><td></td><td></td><td></td></tr>
<tr><td>浓度值</td><td></td><td></td><td></td><td></td><td></td></tr>
<tr><td colspan="6">测试人：　　日期：　　时间：</td></tr>
</table>

知识拓展：

为什么不能在作业区内穿、脱和摘戴防护用具（包括防护面罩及防静电服、鞋）？

在干燥的环境中，人体的静电充电就变得明显，因为人体是一个相当好的导体，并且可以保持电荷，人体与地之间的火花就可能具有引燃所需的足够能量。人体高电压的产生总是伴随着不同材料的物理分离，脱去外衣（外衣与剩下的衣服和人体之间的电荷分离）和在地毯上行走（地毯与鞋之间导致人体充电的电荷分离）就是典型的事例。服装不大可能产生人体高电压，除非在脱衣过程中。在潜在的可燃氛围中不允许脱衣，因为已经有脱掉外衣时引起燃烧的先例。

现场抢修作业可能还会出现哪些危险呢?

① 火灾、爆炸:燃气泄漏。

② 中毒、窒息：燃气泄漏、有毒有害化学品、活动的有限空间等。

③ 灼烫：电焊等。

④ 高处坠落：高空作业等。

④ 物体打击：设施维护等。

⑤ 塌陷：泥土塌方等。

⑥ 车辆伤害：交通事故。

⑦ 行为性危险：指挥错误、操作错误、监护失误等。

⑧ 机械伤害：电锯、切割机等。

⑨ 与相关法律法规或其它要求规定相悖而存在的危害因素。

10.3漏点维修

10.3.1聚乙烯（PE）管道的抢修

① 临时止漏法

临时止漏是在管道损坏没有严重变形的情况下，使用标准的管道修补器对泄露点进行修补（如图4-16），由于PE管道会蠕变，随着时间的延续会导致修补器管件接口处泄漏，此方法不可作为永久的修复方法，必须在短时间内用新的PE管进行更换。

图4-16 PE管修补器修补

② 夹扁、封堵断气抢修

a.使用封堵器或止气夹切断上游气源；

b.选择要更换的PE管，损坏部分更换新管时，新管道的规格型号要与原管道相同；

c.使用电熔焊接技术进行维修；

d.安装修补马鞍，管件与管材之间应当无间隙，焊接修补马鞍；

e.拆除断气工具，安装有内衬橡胶垫的复原管件，如图4-16所示；

f.回填。

如图4-17所示为止气夹对PE燃气管道进行夹扁断气。一般De110以上管径发生断管或大漏洞，可采取关闭上游阀门，或使用封堵器断气后修理。De110以下管径可采取关闭上游阀门或夹管器断气，如漏洞较小，可用木楔子临时堵漏；如较小的漏洞可采用鞍形修补电熔管件补漏；如管道断裂，则需更换新管。

De110以上规格SDR11系列的管道，夹扁断气工具即便将管道夹扁到1.8个壁厚也不能完全断气，需用双夹扁断气工具将管道夹扁加放散（如图4-18a、b所示）。如不间断管网

图4-17 管夹夹扁断气

运行，不影响用户使用，需加旁通管。施工场地条件允许可直接回填，或者焊端帽封堵。

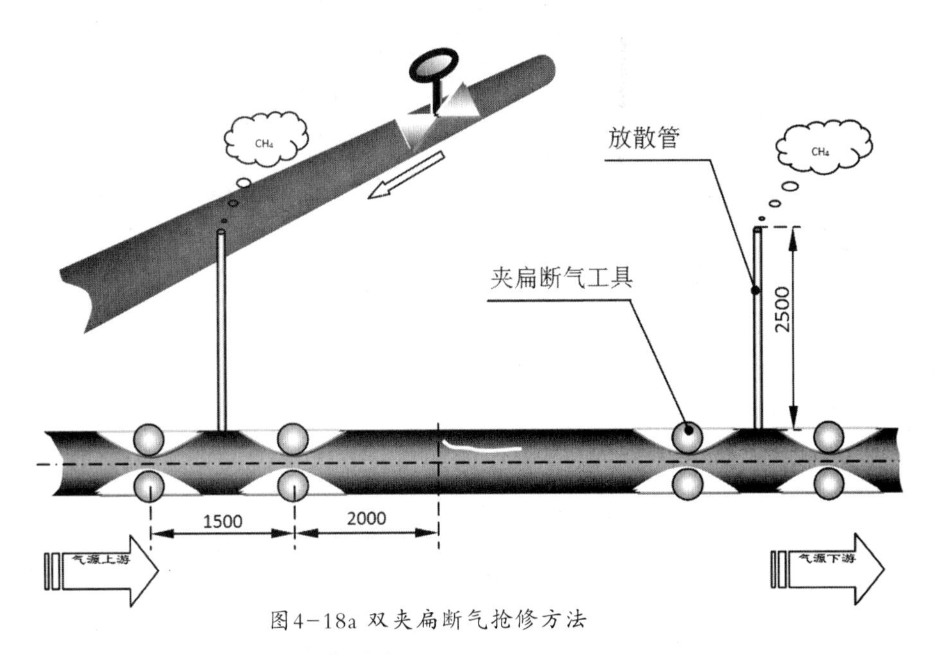

图4-18a 双夹扁断气抢修方法

夹管操作时应按照以下要求进行：

a.根据管径和管壁选择正确的夹管工具；

b.管的中位和夹的中位应成直线，然后安装管夹。另一个管夹相距最少3倍管直径或12英寸（300mm）（取大者）。夹管的位置应避开热熔对接口、电熔接口、机械接口或其他接口，在管材的同一位置不得多次夹管。

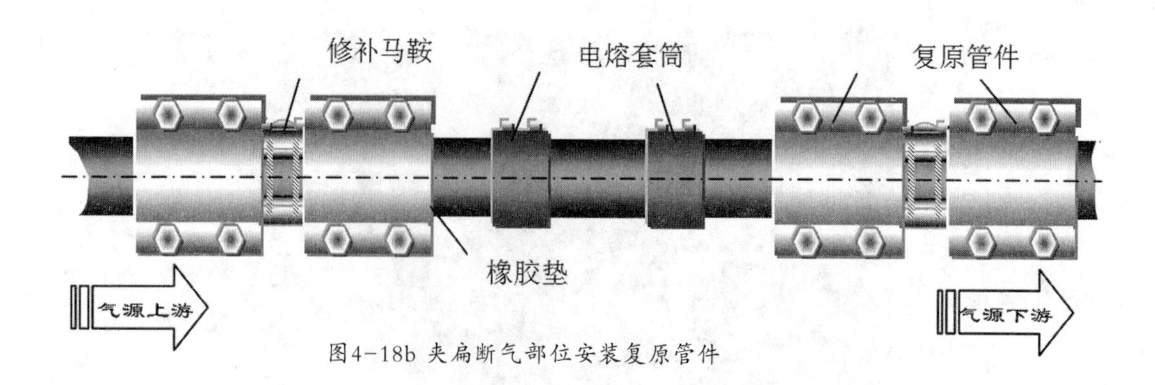

图4-18b 夹扁断气部位安装复原管件

小提示

操作时应注意静电的处理：当带气的PE管道被夹后，因其面积下降，气流的速度则会上升。速度快、干燥和有悬浮粒子（或杂质）的气流会产生静电，而静电则会积聚在PE管上。因此在进行夹管工作之前，应确保PE管材已接地，以免静电聚在管子上，产生危险。

可用湿布将积聚在聚乙烯管表面的静电引流至地即可，布的宽度应不小于200mm，长度应能在管道上缠绕一周，还能在管道两边垂下至沟底部已湿润的泥土上，并与泥土接触面部小于200mm×200mm。

c.夹管应缓慢进行；对于管径75mm或以上的管材，当管子夹扁到一半时需暂停1min，给管子以适应；当管子夹扁到3/4时，暂停1min；当管内壁相碰时暂停1min；继续夹管，直到管子完全关上；当气温低时，夹管的速度应减半及暂停时间应延长1倍；当工作完成后可松开管夹；松管时也要有当在管内壁接触时、3/4管径时、1/2管径时各1min的停顿；当完成后，可以打开管夹，然后将管夹旋转90度，慢慢进行管材复圆。

具体更换新管时，可参考图4-19所示的操作步骤。

③ 修补马鞍抢修

管道被破坏的面积比较小或划伤，可以采用电容修补鞍型对破损处进行修复，但必须先止漏，然后才可以进行电熔焊接。该方法适用于直径30mm以下的孔维修，其中直径10mm以下的孔，可以用沉头螺栓直接旋入，将泄漏部位堵死，再按上述方法将相应规格的修补马鞍安装焊接即可；直径10mm以上的泄漏处，需用钻头扩圆，去除裂纹慢速增长的可能，用相应口径的封堵塞堵死，再按上述方法将相应规格的

修补马鞍焊接即可，如图4-20所示。

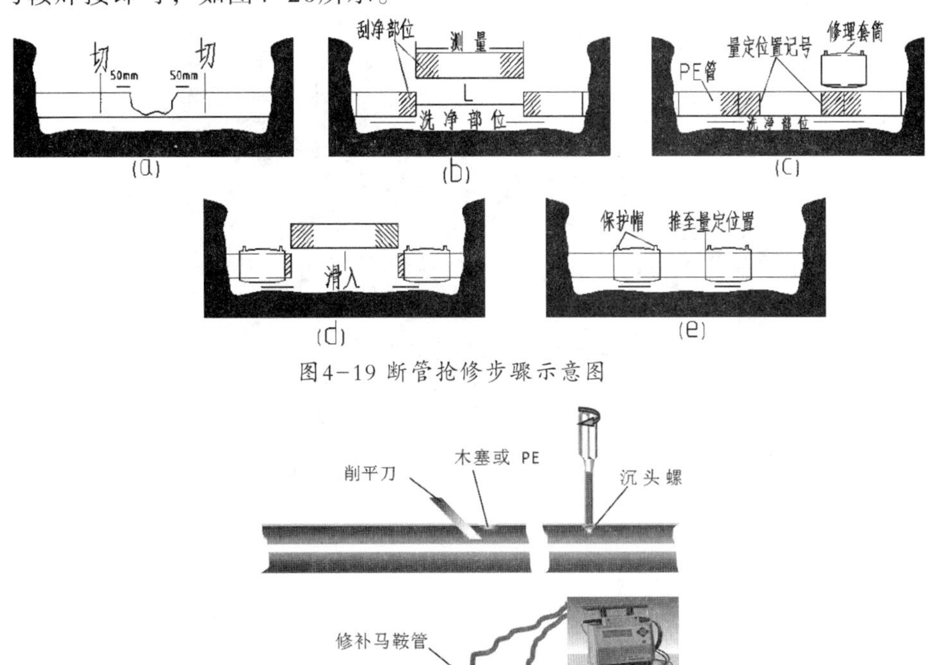

图4-19 断管抢修步骤示意图

图4-20 修补马鞍抢修的方法

④ 法兰连接抢修法

是利用钢塑转换管件活套法兰进行维修泄漏部位的一种方法，适用于管内水排不净，不能直接使用焊接的情况下，将聚乙烯（PE）管道垫起一定的高度焊接法兰，再将焊接的活套法兰的管道压平（需要控制焊接尺寸），垫丁腈橡胶垫（NBR），用螺栓固定（见图4-21）。

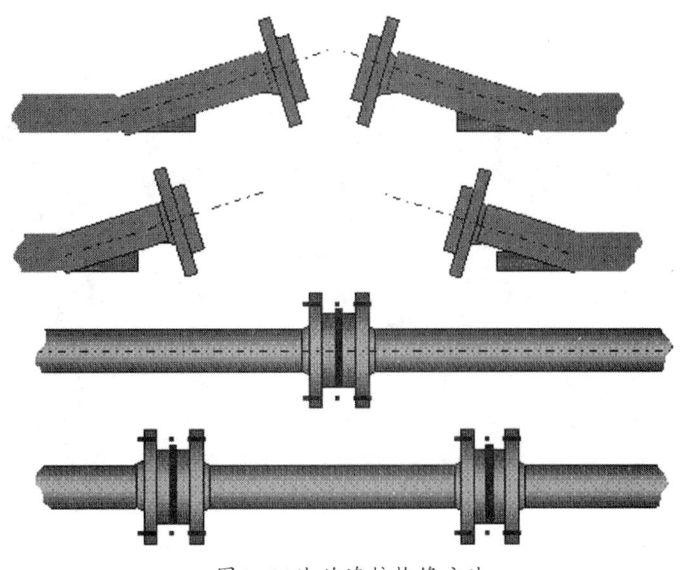

图4-21法兰连接抢修方法

⑤ 不停输封堵

对于变形管道采用不停输开孔、封堵、换管方法，这种方法对天然气用户影响小，如图4-22所示，具体的工作原理与金属管道开孔封堵原理相同，详情参见埋地钢管不停输带压开孔与封堵。

图4-22不停输封堵作业

10.3.2埋地钢管修复

现场管道如为钢制管道，可根据现场管道的漏气情况和漏气点附近管道的腐蚀程度选择补焊或更换管道。如选择补焊方式，需将燃气管道运行压力降至0.03MPa以下后方可进行补焊维修。

修复后应对防腐层进行恢复，可采用施工补口处理方法，防腐等级应与原钢管一致。

补口材料宜采用辐射交联聚乙烯热收缩套（带），补口前必须对补口部位进行表面预处理；补口搭接部位的聚乙烯层应打磨至表面粗糙；热收缩套（带）与聚乙烯的搭接宽度不应小于100mm，最后再进行补口质量检验，如图4-23所示。

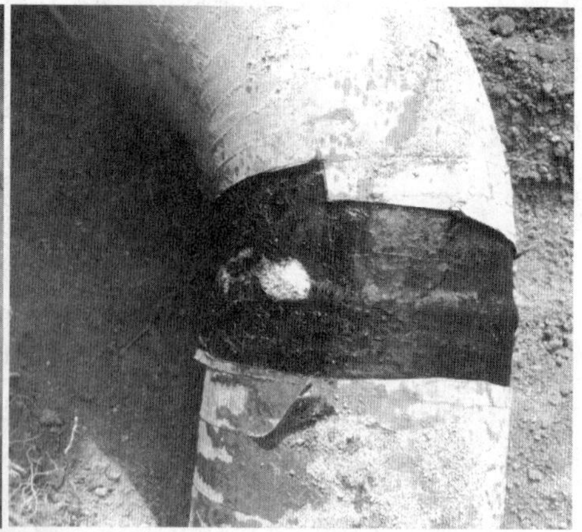

图4-23 埋地钢管修复

① 管道腐蚀穿孔抢修方法

当管道出现腐蚀穿孔时（一般小孔直径3毫米以下），目测腐蚀范围，确定腐蚀是点还是片。如果是点泄漏，可以采用钉木楔的方法，然后采用图4-24的带形卡具的方法进行堵漏。制止气体泄漏后，再使用不停输封堵技术更换损坏管段。

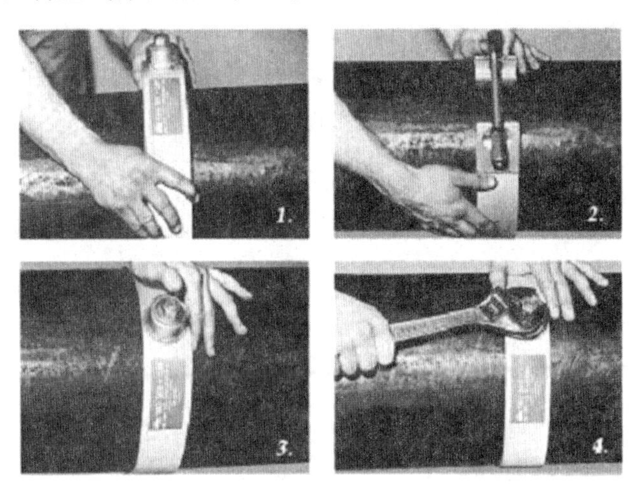

图4-24 钢带堵漏（点状腐蚀穿孔、沙眼、气孔等）

如果腐蚀是成片，或可能发生延展的穿孔（机械损伤，有尖角），此时就不能采用钉木楔和上图卡具进行抢修，需要用下图4-25的对开式卡具进行维修，下图的卡具（可焊接卡具/可不焊接卡具）顶部带有排泄孔，将泄漏液体引到作业点之外，等抢修完成后，将排泄孔堵死。制止气体泄漏后，再使用不停输封堵技术更换损坏管段。

图4-25 对开式卡具堵漏

② 管道裂纹抢修方法

管道（直管和弯头）出现裂纹后，天然气体不断外泄，人员很难靠近，不管裂纹尺寸大小，势必要截断两端的阀门，暂时管道停输，控制局势，尽快实施抢修，对于裂纹长度小于200毫米（根据购买的卡具长度确定）可以采用下图4-26中的卡具进行抢修，抢修完成后，制止气体泄漏后，管道可以投入运行，随后使用不停输封堵技术更换损坏管段。

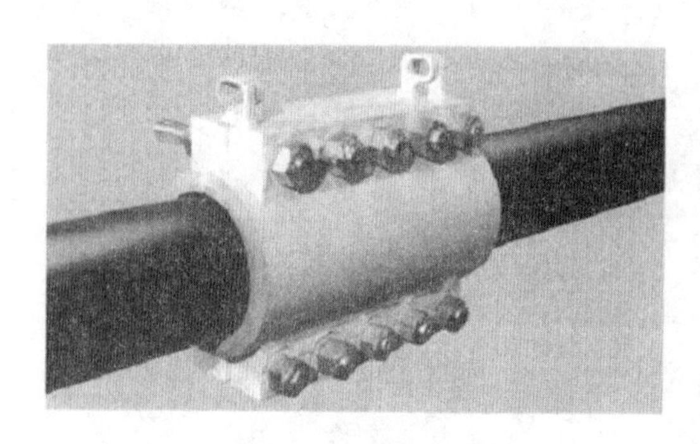

直管抢修卡具

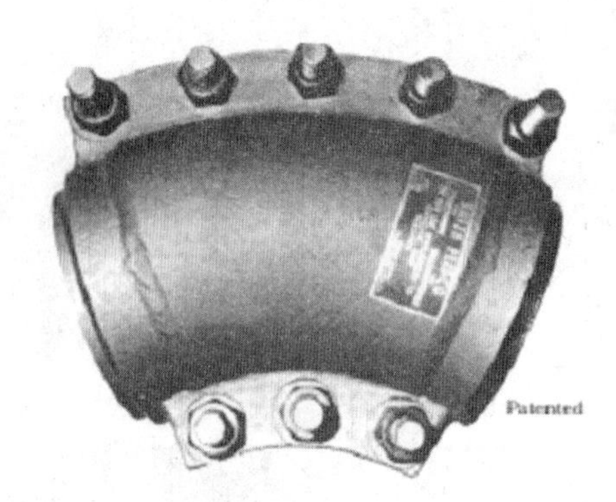

弯头抢修卡具

图4-26 抢修卡具

③ 管道断裂抢修方法

管道断裂后，截断两端的阀门，暂时管道停输，控制局势，两端进行停输封堵作业，切除断裂管道，采用卡具实施新旧管道连头，尽快恢复供气，随后使用不停输封堵技术进行损坏段的更换，如图4-27所示。

安装过程

安装后

图4-27 管道断裂抢修过程中及抢修后示意

④ 不停输封堵更换管线

如现场情况允许，也可以直接进行不停输封堵更换管线。具体工作原理如图4-28所示。

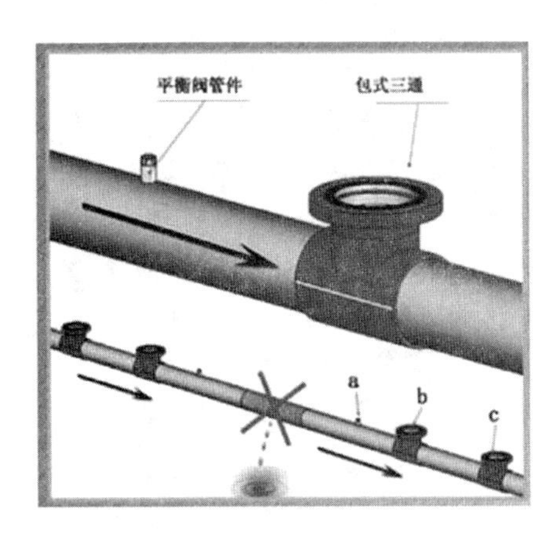

图4-28（1）在管道上焊接a平衡管件 b包式三通 c旁路三通

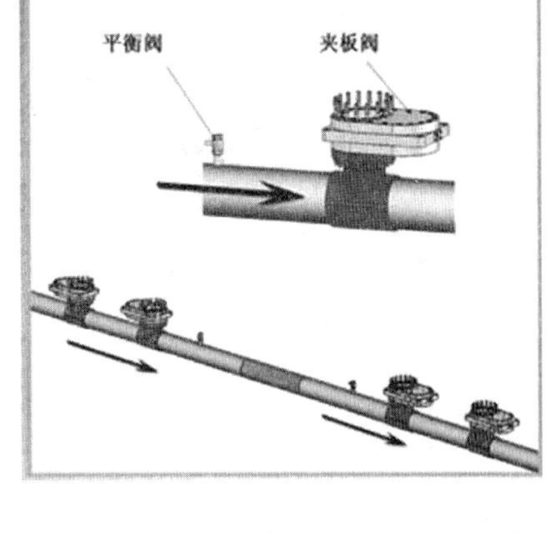

图4-28（2）安装符合压力等级的专用夹板阀或标准阀

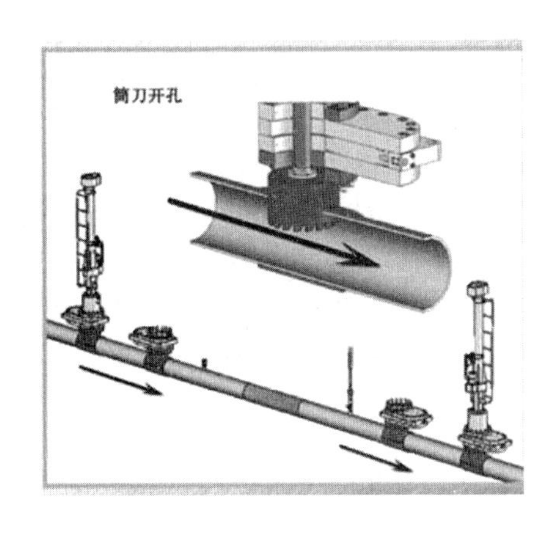

图4-28（3）安装开孔机开旁路孔

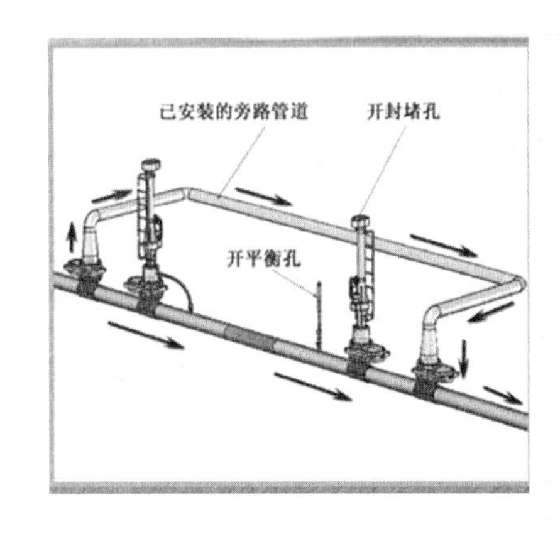

图4-28（4）安装旁路管道，使流动介质分流开平衡孔，开封堵孔

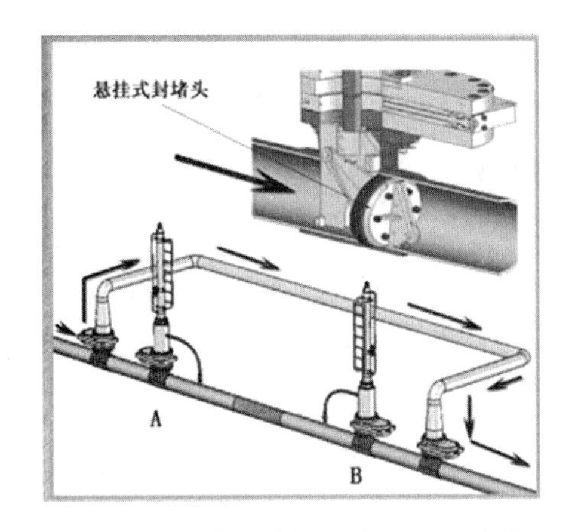

图4-28（5）安装封堵机，进行上下游封堵AB处封堵后介质通过旁路输送

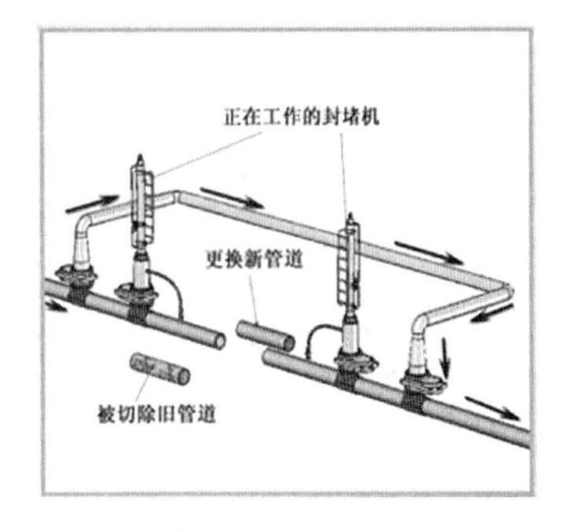

图4-28（6）需修管段封堵后对漏气管段进行抢修

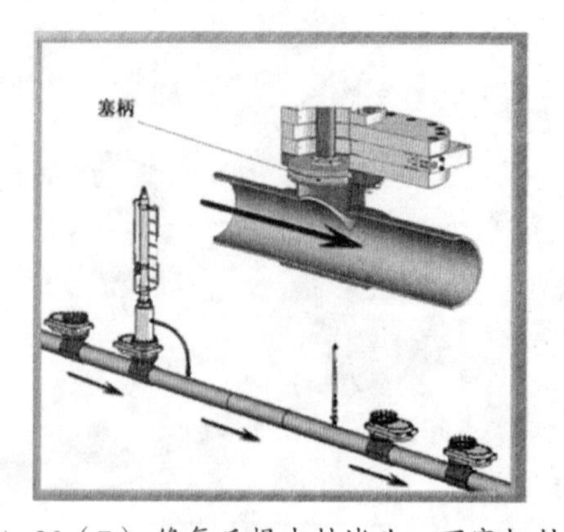

图4-28（7）修复后提出封堵头、下塞柄封住工后三通的法兰口，卸掉过度阀门

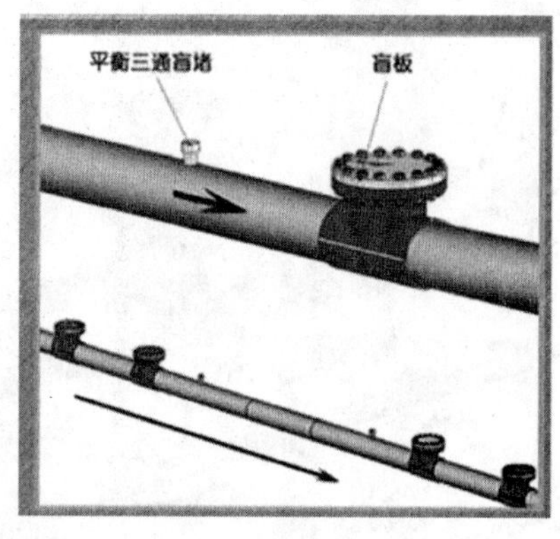

图4-28（8）在三通上安装盲板，施留在管线上的三通管件

图4-28 不停输抢修

小提示：

如需对管道进行更换时，应对待施工管段进行燃烧放散，并尽量采取氮气置换的方法，以降低维修过程中存在安全隐患。在进行氮气置换前，要求在氮气瓶安装氮气减压阀；置换工作结束后，需对各放散点进行可燃气体浓度检测，要求连续三次检测数据必须低于燃气爆炸下限的20%。

10.4查漏、置换、绘图、材料统计及填写报告。

作业完毕，对维修漏点处或管段进行查漏，检查合格后，开始天然气置换，通知调度中心已完成此次抢修，填写表4-6的内容。

抢修数据填写 **表4-6**

项目名称	XXX燃气抢修工程
置换作业 天然气浓度检测	检测说明： 对作业管段所属管网系统进行燃气置换并在管网末端实施天然气浓度检测，在置换点连续3次检测到天然气浓度达70%以上为合格。 浓度值：__________、__________、__________； 测试人：　　　　日期：　　　　时间：

在作业点位置埋设示踪线和电子标签（针对PE管），作业完工后由抢修队管工拍取抢修现场完工照片，照片中应详细列明工程名称、作业时间、地点、参加人员等重要信息，并将照片作为完工资料进行存档，如图4-29所示。

图4-29 抢修现场完工照片

抢修队根据现场实际作业情况绘制完工报告和材料结算单，如图4-30所示，填写的表格如表4-7、4-8所示。

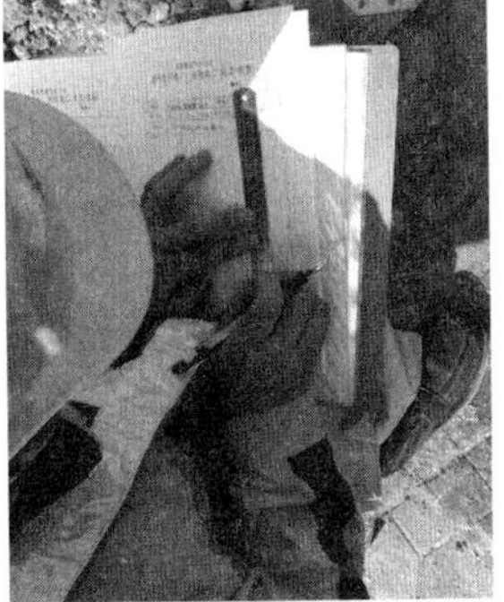

图4-30 填写抢修报告和材料清单

表4-7-XXX抢险工程用材料结算单

作业内容：

地点： 时间： 年 月 日 表4-7

材料名称	型号规格	单位	使用数量	备注

现场指挥： 安全员： 作业班组长：

XXX燃气公司燃气管网抢险施工完工报告　　表4-8

工程名称		工程地点	
施工时间		施工班组	
工程内容			
示意图： 绘图：　　　　作业组组长：			

10.5清理现场及土方回填

如图4-31所示，作业完成后，抢修队员将现场设备材料装车，要求按装备车上规定的位置依次放置，现场作业垃圾清理干净，做到工完场清。土方队对施工作业坑进行回填，对作业坑路面、人行道、绿化带按原状进行恢复，并埋设相对应的标志桩。

图4-31 清理现场及土方回填

知识拓展

应急预案：根据《突发事件应急预案管理办法》国办发〔2013〕101号文件对应急预案的定义：各级人民政府及其部门、基层组织、企事业单位、社会团体等为依法、迅速、科学、有序应对突发事件，最大程度减少突发事件及其造成的损害而预先制定的工作方

案。

根据《城镇燃气设施运行、维护和抢修安全技术规程CJJ51-2006》的规定，应急预案包括：事故分类、抢险救援及控制措施；组织机构、组成人员和职责划分；报警、通讯联络方式；人员紧急疏散、撤离及受伤人员救护；与相关单位的协调（交通、消防、电力、化学救护等）；预案分级响应条件、事故应急救援终止程序；应急培训、演练计划等。

应急预案应报有关部门备案并定期进行演习，每年至少一次。

XX市管道天然气泄漏事故应急演练

涉及危化品生产、储存、运输和管理的油、气、电等行业是安全管理的重点领域。为提高企业应对突发事件第一时间应急决策、应急指挥、应急联动和应急处置实战能力，强化公众风险意识，切实保障人民群众生命财产安全，特开展本次演练。

一、演练时间、地点

（一）时间：20XX年X月XX日上午

（二）地点：XX市XX路XX小区

二、组织领导

（一）组织单位

主办单位：XX城市管理局

承办单位：XX燃气有限公司

（二）领导小组

组　长：XXX

副组长：XXX

成　员：XXX、XXX、XXX

职　责：负责统筹协调，审定演练方案和演练实施程序，协调相关部门单位。

（三）现场组织

总指挥、现场指挥、运营操作组（抢险队）、安全保卫组、技术支持组、后勤保障组、交警救援组（主要负责演练现场交通管制）、消防救援组（主要负责发生事故时，对泄漏点实施喷水稀疏、对居民疏散中受伤人员进行救援，需消防车二辆、担架一副）、

卫生救援组人员待定（主要负责对事故现场受伤人员进行紧急救治，需一辆救护车）

（备　注：交警大队、消防大队、卫生救援队人员、新闻媒体、物业小区及车辆需区应急办进行协调）

三、演练内容

（一）事故设定

因挖土机在XXX小区旁开挖路面作业过程中，挖破De110燃气管道，导致大量燃气泄漏，泄漏燃气经小区车库门口冲入地下室导致小区居民楼充满燃气，情况十分紧急。事故发生后，施工人员立即电话连接燃气公司报警，XX燃气公司迅速启动企业抢险应急预案，并上报区城管局。城市管理局接报后，迅速响应，立即做出指示。随后燃气公司在区城管局指导下，通过紧急疏散群众、紧急关闭燃气控制阀门、对居民楼进行燃气强制排空等一系列措施，同时与交警大队、消防大队及卫生救援队联动进行：现场交通疏导、喷水稀释、救治伤员等一系列救援措施，及时有效控制险情，完成泄漏管道修复，确保人民群众人身财产安全。抢险完成后区政府及时向公众公布泄漏险情及应急处置信息。

（二）演练科目

本次演练主要涉及燃气抢修、群众疏散及对疏散过程中受伤人员进行紧急救治等三个方面，主要针对事故报警、现场控制、抢险救援、解除响应、信息发布等科目进行演练。

四、演练程序

阶段一：事故报警、信息报送

10时00分,施工方挖断燃气管道后，施工人员报警。XX燃气公司启动应急预案并上报区城市管理局。区政府接报后，果断启动区危险化学品事故应急救援预案，通知相关单位到场参与抢险救援。

阶段二：现场控制、作出决策

10时05分,XX燃气公司应急抢险队立即赶赴到现场，放置警示标志，采取现场警戒措施，制定现场方案，准备对泄漏点附近阀门进行关闭，10时07分,交警、消防到达现场，交警救援组开展交通疏导、消防救援组对泄漏点进行喷水稀释，同时燃气公司抢险人员关闭阀门，对地下室及居民楼内进行燃气浓度检测，联系并确认物业对小区进行断电处理。

阶段三：抢险救援

10时15分,燃气公司经检测部分泄漏气体冲入车库并向上蔓延至小区楼内，10时18分,燃气公司使用防爆风机对地下停车库南北2个进出口进行送风、抽风，同时对泄漏点进行吹风阻止泄漏燃气进一步冲入停车库。燃气公司联合物业公司引导小区民众有序疏散至燃气泄漏点上风向位置。

10时18分,燃气公司对泄漏点进行修复。

10时20分，在疏散过程中一名居民由于过度惊慌导致晕厥，消防队员第一时间将其抬离现场，卫生救援队迅速将其送上救护车进行救治。

10时25分，现场燃气已排完，经现场检测浓度为零后。

阶段四：解除响应、恢复秩序

10时30分，泄漏燃气管道修复完毕，经技术支持组专家现场检验合格后，恢复供气。

10时35分，事故得到有效控制，抢险救援工作结束。现场指挥宣布解除应急响应，参演人员集结。

阶段五：信息发布

企业迅速将险情发生和应对、处置单位和行动等有关信息迅速形成方案材料，上报行业主管部门，由行业主管部门核准报XX市政府有关部门，召开新闻发布会，及时向新闻媒体通报事故处置和应急救援的客观真实情况。

如图4-32所示为演练现场布置图

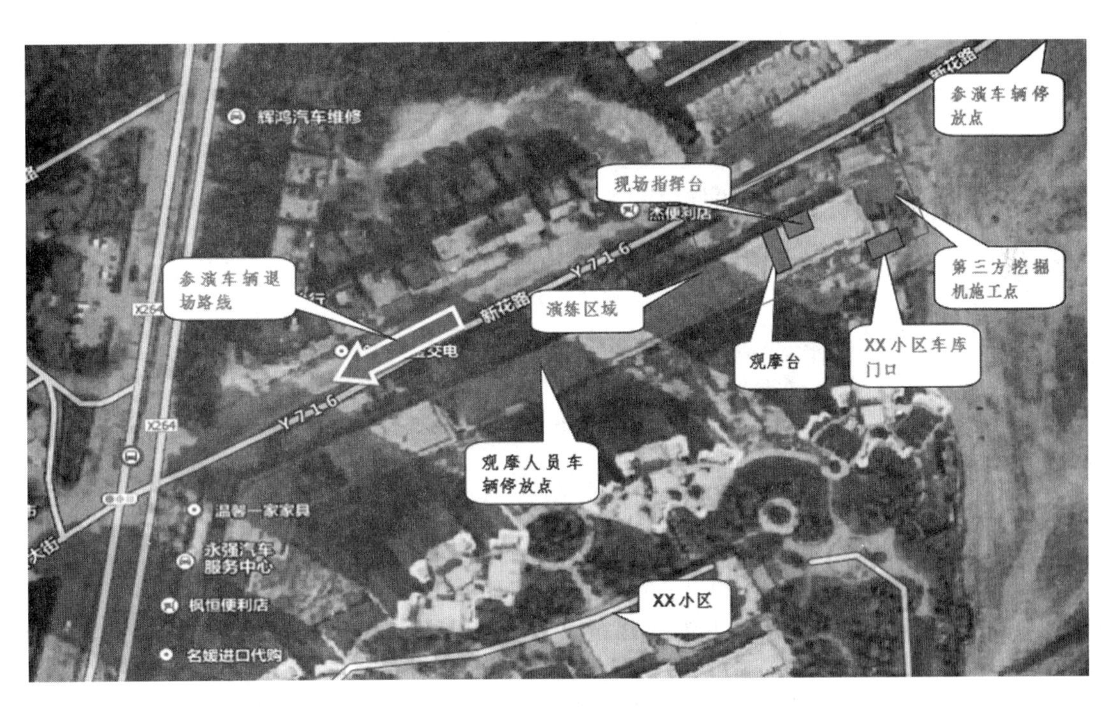

图4-32应急演练现场布置图

三、评价与反馈

1、学习自测题

（1）填空题

① 城镇燃气供应单位应制定_______制度和事故上报程序。

② 应急预案应报有关部门备案，并定期进行演习，每年不得少于 ______次。

③ 操作人员进入抢修作业区前应按规定穿戴 _______、鞋及防护用具。

④ _______在作业区内穿脱和摘戴防护用具。

⑤ 在警戒区内燃气浓度未降至安全范围时，严禁使用_______ 型的机电设备及仪器、仪表等。

⑥ 当事故隐患未查清或隐患未消除时不得_______，应采取安全措施，直至消除隐患为止。

⑦ 燃气设施泄漏的抢修宜在________或切断气源后进行。

（2）问答题

① 抢险车辆现场停放有何要求？

② 抢险队员应如何进行浓度检测？

③ 现场确认燃气泄漏后，抢险队员应如何进行警戒？

④ 当放散体积约等于5立方米时，抢险队员应选择何种放散方式？

⑤ 燃气放散作业时，抢险队员如何选择放散地点？

⑥　抢险队员使用鼓风机对燃气泄漏浓度较高位置进行排风时，鼓风机应该摆放在什么位置？

⑦　除使用防爆风机来降低泄漏气体浓度之外，还可以使用什么方法来降低泄漏气体的浓度？

（3）燃气案例讨论

请讨论2个案例的处置步骤是：

例1：某日某路段中压管线被洪水冲出，并遭雷击，雷击点燃气体发生爆炸，燃气大量喷出，大火燃烧凶猛；站内发现外网压力迅速下降，同时接群众报警，某路段管线遭雷击爆炸并燃烧，大火危及周边村庄，接警后立即报告公司领导并通知5个抢险实施小组，并通知消防队；（同时立即报告市领导，成立应急处置现场指挥部，请求燃气专家，迅速赶往事发现场，按职责分工，进行抢险救助、医疗救护、卫生防疫、交通管制、现场监控、人员疏散、安全防护、社会动员等基本应急工作。）

例2：某日某生活区调压设施被恐怖人员破坏，中压管线被折断，大量天然气向外泄露，使整个小区处在危险中，公司接到群众报警，同时站内也发现外网压力急剧下降，立即报告公司领导，同时通知各抢险组。

案例1：

案例2：

（2）讨论“管网抢修现场和作业有哪些注意事项？并将小组讨论的结果写在下面空格内。

2.学习目标达成度的自我检查，请将检查结果填写在表4-9中。

序号	学习目标	达成情况（在相应的选项后打“√”）		
		能	不能	不能是什么原因
1	完成燃气管网抢修的一般流程的编写			
2	能对抢修现场进行有效的安全控制			
3	根据现场选择合适的抢修工具			
4	根据PE管和钢管的抢修工艺和流程进行抢修作业			
5	能正确填写抢修记录表			

3.日常表现性评价（由小组长或者组内成员评价）

(1)工作页填写情况。

A、填写完整 B、缺失20% C、缺失40% D、缺失40%以下

(2)工作着装是否规范？

A、穿着校服（工作服），佩戴胸卡 B、校服或胸卡缺失一项 C、偶尔会既不穿校服又不戴胸卡 D、始终未穿校服、佩戴胸卡

(3)能否主动参与工作现场的清洁和整理工作？

A、积极主动参与5S工作 B、在组长的要求下能参与5S工作 C、在组长的要求下能参与5S工作，但效果差 D、不愿意参与5S工作

(4)是否达到全勤?

A、全勤 B、缺勤20%（有请假） C、缺勤20%（旷课） D、缺勤20%以上

(5)总体印象评价

A、非常优秀 B、比较优秀 C、有待改进 D、急需改进

(6)其它建议。

小组长签名：　　　　　　　　　　年　　月　　日

4.教师总体评价

（1）对该同学所在小组整体印象评价

A、组长负责，组内学习气氛好；

B、组长能组织组员按要求完成学习任务，个别组员不能达成学习目标；

C、组内有30%以上的学员不能达成学习目标；

D、组内大部分学员不能达成学习目标。

（2）对该同学整体印象评价

教师签名：　　　　　　　　　　年　　月　　日

学习任务5　燃气管道阴极保护系统检测

学习目标

完成本学习任务后，你应当能

1. 说出阴极保护系统的组成；

2. 总结燃气管道受腐蚀的原因及原理；

3. 会使用数字式万用表等工具测量电牺牲阳极测试桩的保护电位，并进行数据的分析和判断；

4. 会进行外加电流保护系统检测。

建议完成本学习任务为10课时

学习内容结构

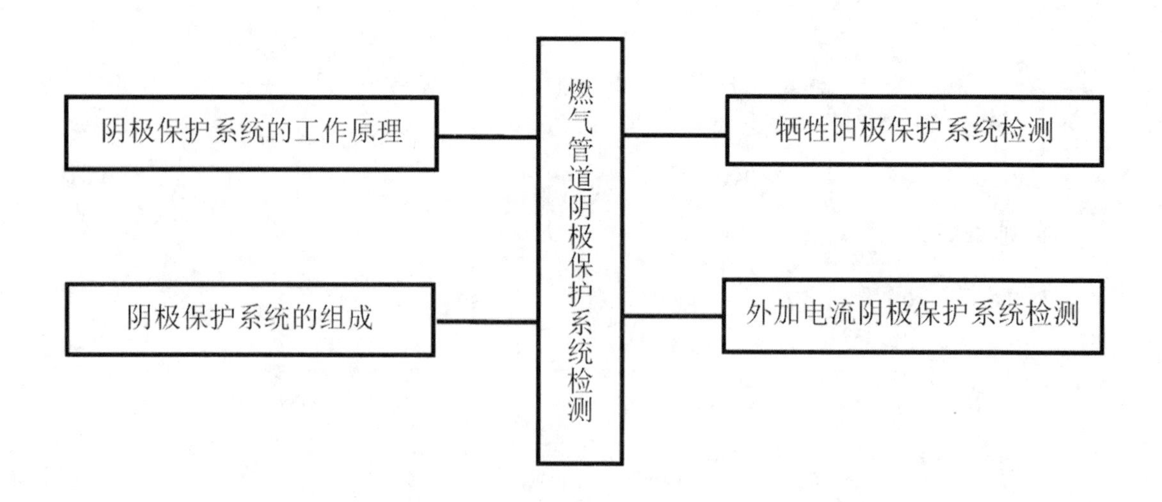

学习任务描述:

在教师的指导下熟练使用万用表等测量工具进行燃气管道阴极保护系统检测，并对所测数据进行分析，以判断阴极保护系统的工作状态。

埋地燃气管道采用外包防腐层与阴极保护联合防腐是延长管道寿命、减少管道运行故障的有效手段。对燃气管道阴极保护系统定期进行检测是保证其发挥防腐蚀控制作用的保证。

一、学习准备

*1.阴极保护系统的工作原理。

阴极保护方式有牺牲阳极保护法和外加电流保护法，城市燃气管网常采用牺牲阳极法对其实施阴极保护，而市区外缘的长距离输气管道,常采用外加电流保护方式。

1.1标准单位

标准电位是指浸在标准盐溶液中的金属电位与假定等于零的标准氢电极的电位之间的电位差。一些金属可按标准电极电位增长的顺序排列成电化学次序，即：

K	Mg	Al	Zn	Fe	[H]	Cu	Au
−2.92	−2.38	−1.1	−0.76	−0.44	0	+0.34	+1.70

1.2牺牲阳极保护法

如图5-1所示，根据电化学原理，把不同电极电位的两种金属（管道和阳极材料）置于电解质体系内（土壤），当有导线连接时就有电流流动。这时，电极电位较负的金属为阳极、管道为阴极，利用两金属的电极电位差作阴极保护的电流源，从而达到消耗阳极（阳极材料）而保护阴极（钢制燃气管道）的目的。这就是牺牲阳极阴极保护法的基本原理。

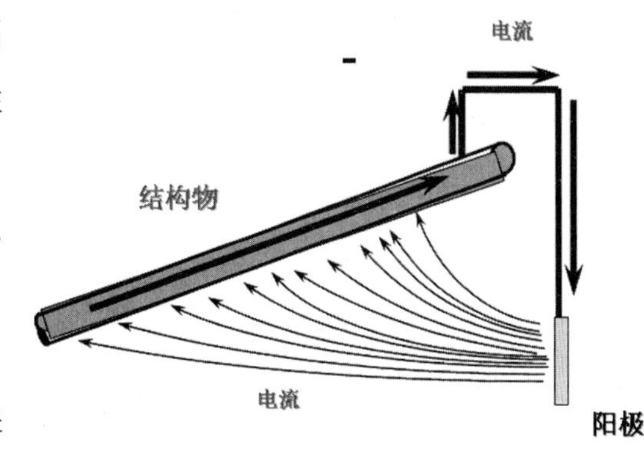

图5-1 牺牲阳极保护系统

常用的牺牲阳极有镁合金、锌合金以及镁、锌复合式等三大类。

1.3强制电流阴极保护

外加电流阴极保护是通过外部电源来改变周围环境的电位，使得需要保护的设备的电位一直处在低于周围环境的状态下，从而成为整个环境中的阴极，这样需要保护的设备就不会因为失去电子而发生腐蚀了。

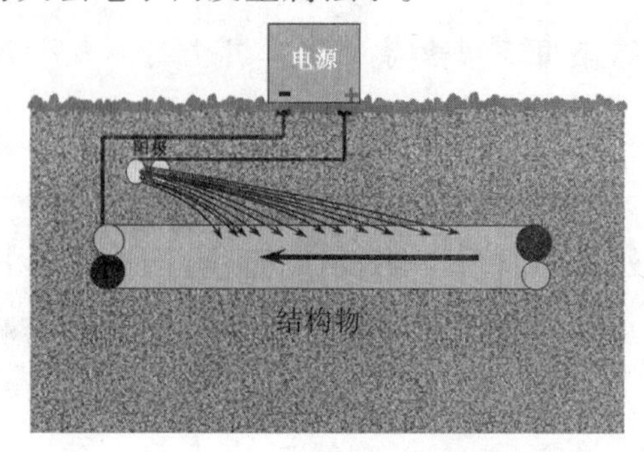

图5-2 强制电流阴极保护系统

想一想：牺牲阳极保护与强制电流阴极保护原理上有什么不同的地方？

*2.阴极保护系统的组成。

2.1牺牲阳极保护系统

如图5-3所示，牺牲阳极保护系统主要包括阳极填料包组、电缆、测试桩、测试片、参比钢片及被保护的燃气管道，其中参比钢片是一块与埋地钢管材质相同的裸钢片，可换成长效参比电极，如图所示。测试桩内的两条电缆分别与管道和阳极组有效连接，正常工作时两条电缆在同一接线柱上短接。

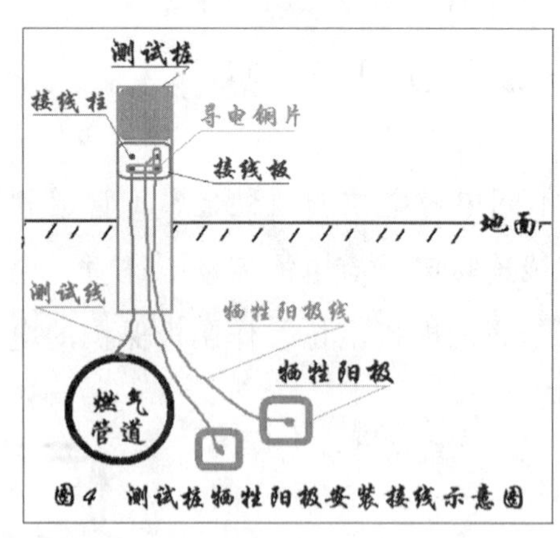

图5-3 牺牲阳极保护系统组成

2.2强制电流阴极保护系统

如图5-4所示，强制电流阴极保护系统包括恒电位仪、接地电池保护盒、辅助阳极地床、测试桩、导线和参比电极，如图所示分别为恒电位仪。

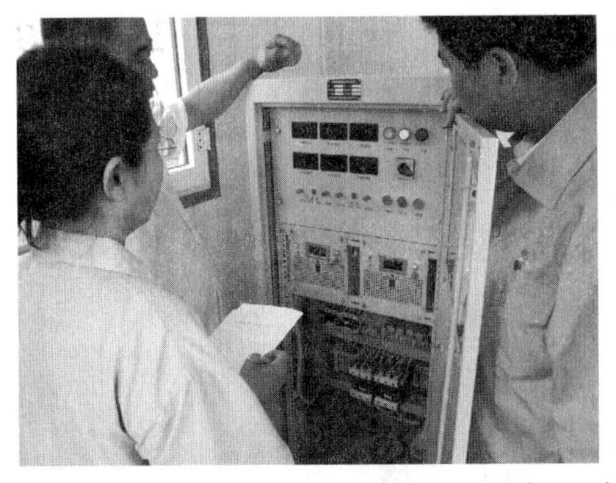

图5-4 恒电位仪

二、计划实施

*3.牺牲阳极保护系统检测作业流程。

如图5-5所示为牺牲阳极保护系统检测作业流程简图。

图5-5 牺牲阳极保护系统检测作业流程

*4.牺牲阳极保护系统检测。

4.1测试项目

①管道电位，在电位测点所测的管道对地电位。

②自然电位，在电位测点所测的金属电极对地电位。

③开路电位，在检测桩所测断开状态的阳极对地电位。

④阳极组输出电流，检测桩与管体连接电缆上的电流。

⑤单支阳极输出电流，检测桩与每支阳极连接电缆上的电流。

⑥极化电位，极化探头试片与管道瞬间断电后，测量试片相对于硫酸铜电极的断电电位。

⑦牺牲阳极的接地电阻，牺牲阳极与土壤间的电阻。

4.2检测周期

根据《城镇燃气设施运行、维护和抢修安全技术规程》的要求，牺牲阳极阴极保护系统检测每年不少于2次。

4.3检测工具及材料

①高内阻便携式数字万用表1只，如图5-6所示。

图5-6 便携式数字万用表

②便携式参比电极1只，如图5-7所示，要求经常检查溶液的渗漏情况及铜棒的清洁程度。参比电极是用于测量电位的基准电极，一般常用铜/饱和硫酸铜电极。

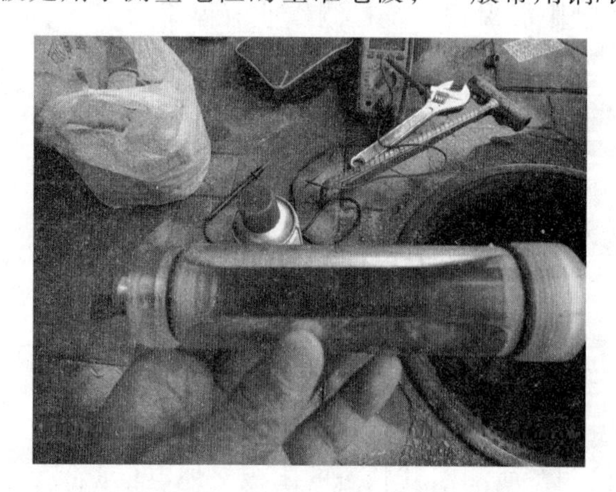

图5-7 便携式参比电极

小提示

饱和硫酸铜溶液由蒸馏水和硫酸铜调配直至结晶达到饱和状态，电极棒底部薄膜要做到渗而不漏。

③金属电极4只，材质为10#钢和20#钢的各2只，金属电极与管材材质相同，是直径10mm、长200mm的钢钎。

④两端有鳄鱼夹截面积不小于2.5mm2的多股铜导线4条，长度分别为1m、5m、20m、40m，如图5-8所示。

图5-8 导线

⑤四极兆欧表（ZC-8型）1只。

⑥吸附磁铁，用于导线与管道的连接。

⑦锉刀、砂布，用于打磨电连接点。

4.4参数测试

4.4.1管地电位测试

① 地表参比法

地表参比法主要用于管道自然电位、牺牲阳极开路电位、管道保护电位等参数的测试。地表参比法的测试接线示意图如下所示，宜采用数字万用表，如图5-9所示。

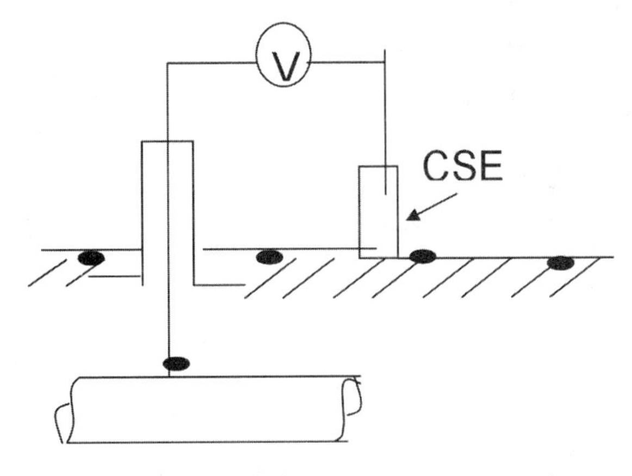

图5-9 地表参比法电位测试接线示意图

将参比电极放在管道顶部上方1m范围的地表潮湿土壤上，应保证参比电极与土壤电接触良好。

② 近参比法

近参比法一般用于防腐层质量差的管道保护电位和牺牲阳极闭路电位的测试。

在管道或牺牲阳极上方，距测试点1m左右挖一安放参比电极的探坑，将参比电极置于距离管壁或牺牲阳极3cm～5cm的土壤上，如下图5-10所示。

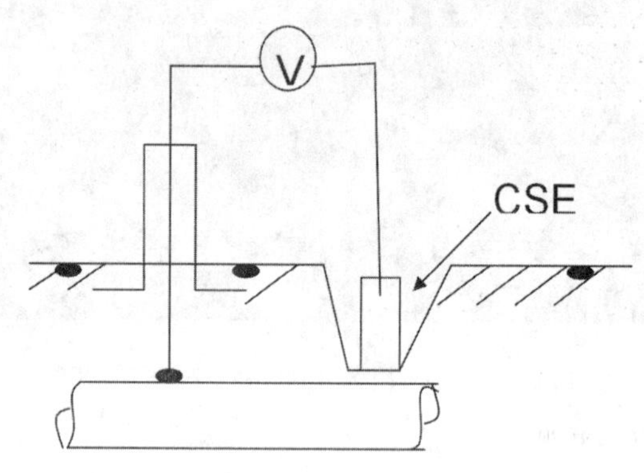

图5-10 近参比法电位测试接线示意图

③ 管道电位的测试步骤：

a.在电位测点上选择合适的电连接处，如图5-11所示。

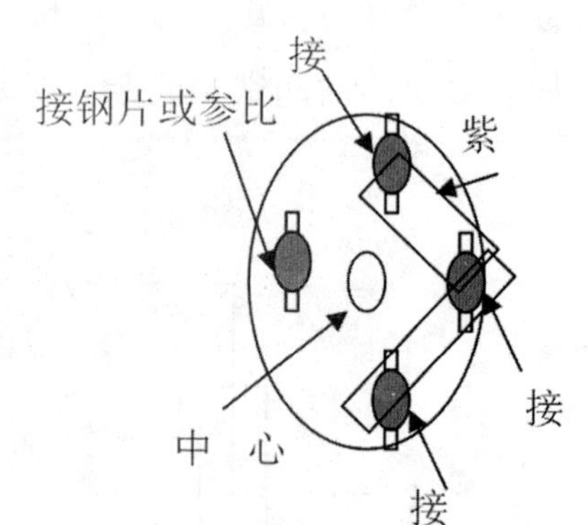

图5-11 电位测点

b.将电连接处打磨至露出金属光泽，彻底清除氧化膜和其它污物。

c.参比电极应插在距管道尽可能近的土壤中，插入深度约3cm，不可插在石块、瓦砾处。若土壤干燥，可在插入处浇少量水，以保证参比电极良好接地，如图5-12所示。

图5-12 参比电极埋设

d.把万用表调至直流电压2V测量档。将一支测试笔用鳄鱼夹连接于测点（红表笔），另一支笔用两端有鳄鱼夹的导线与参比电极连接（黑表笔）。万用表显示的数值为正，则对调表笔重新测试，如图5-13所示。

图5-13 万用表测试电位

e.测量值小于等于-0.85V，说明管线已处于良好的保护状态。测量值大于-0.85V，调整参比电极插入点再次测试，仍大于-0.85V则用测量值与自然电位的差值来判断。

小提示

在打开测试桩，进行测试前要单手操作，以防触电。

4.4.2自然电位的测试

①测试方法同管道电位测试，与测点连接的表笔改接金属电极。金属电极应插在参比电极附近，并稳定30分钟后测试。

②管道电位测量值比自然电位低0.1V或更多，表示管线已处于良好的保护状态，否则表示不符合要求。

4.4.3开路电位的测试

测试方法同管道电位测试，测试前将检测桩与阳极的接线断开，与测点连接的表笔依次接每支阳极的接线。测试值应符合阳极技术指标的规定。

4.4.4阳极组输出电流的测试

将检测桩与管体的接线断开，检测桩与阳极的接线保持连通。把万用表调至直流电流测量档。将一支测试笔用鳄鱼夹连接于检测桩，另一支笔与管体的接线连接。万用表显示的数值即为阳极组电流。

① 单支阳极输出电流的测试

将检测桩与管体的接线保持连通，检测桩与阳极的接线断开。把万用表调至直流电流测量档。将一支测试笔用鳄鱼夹连接于检测桩，另一支笔依次与每支阳极的接线连接。万用表显示的数值即为每支阳极的电流。

4.4.5极化电位的测试

极化电位是指断电瞬间测得的管道对地电位，是消除了由保护电流引起的IR降后的保护电位。受杂散电流干扰区域或无法同步瞬间通断电的管道，用极化探头测量埋设位置的管道极化电位。

首先将极化探头敷设在燃气管道附近，硫酸铜电极通过探头内部合理结构与试片尽可能接近，极化探头埋深及回填状态与管道相同。在测量之前，应确认阴极保护运行正常，试片与管道已连通，管道和试片充分极化。

测量中，将极化探头的与试片连接的测量电缆接数字万用表的正极，与硫酸铜电极连接的测量电缆接负极。将试片与管道断开，断电0.5s后读取极化电位数据。

此过程应尽可能快，以避免试片的去极化。所测得的断电电位，代表埋设点附近防腐层破损点破损面积不大于试片裸露面积的管道极化电位，如图5-14所示。

4.4.6阳极接地电阻测试

如图5-15、5-16所示为阳极接地电阻测试。

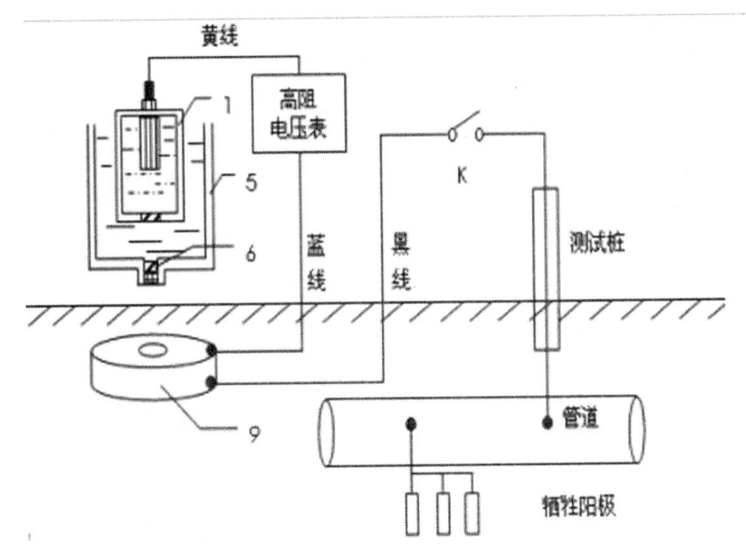

图5-14 极化电位测试

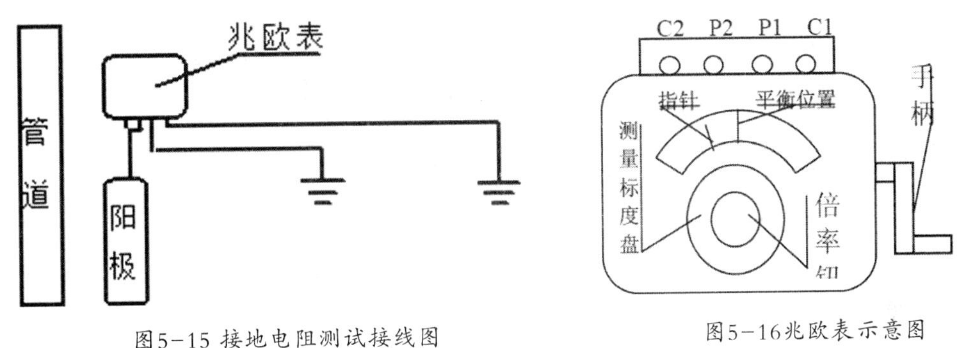

图5-15 接地电阻测试接线图

图5-16兆欧表示意图

①把检测桩与阳极的接线断开，兆欧表的P2与C2短接后用短于5m的导线与阳极电缆连接，再将P1通过导线所接的金属电极插入距阳极约20m处的土壤中，将C1通过导线所接的金属电极插入距阳极约40m处的土壤中，两只金属电极与阳极位于一条直线上，其与管道走向垂直，P1所接的金属电极居中。

②将兆欧表水平放置，检查其检流计指针是否在中心线，如果有偏移，则须先行调整。

③将倍率标度置于最大倍数（一般为10），摇动兆欧表的手柄，同时转动“测量标度盘”，当指针接近平衡位置时加快手柄摇动的速度，使之大于120转/分，调整标度盘使指针位于中心线上稳定约10秒钟，即可读数。

④如果“测量标度盘”转到极限，指针仍然偏离平衡位置，则调整“倍率钮”，重复③操作。

⑤读数与倍率的乘积即为阳极的接地电阻。

每测试一项数据，需按表格内容填写。

阴极保护电位测试记录表 表5-1

检测地点						测试日期			
测点编号	管地电位	自然电位	1#阳极开路电位	2#阳极开路电位	阳极组开路电位	1#阳极输出电流	2#阳极输出电流	阳极组输出电流	闭路电位

4.5未达到保护状态的主要原因判断及处理：

4.5.1燃气管道与其它非保护管道或地下金属构筑物发生电接触。

①地面巡线，查找电接触点，必要时用防腐层漏点检测仪检验。

②分离异常电接触点。

4.5.2防腐层破损或老化严重。

①用防腐层漏点检测仪查找破损点，必要时用变频选频仪和PCM检测管段防腐层的老化情况。

②修补漏点，老化严重时更换防腐层。

4.5.3绝缘法兰电阻值未达到规定要求。

①测试法兰非保护侧的电位，其与保护侧电位基本相同时，需进行整改。

②开挖绝缘法兰，检查法兰两侧防腐层情况，对破损老化处修补后，再次测量非保护侧的电位。必要时更换法兰螺栓和垫片。

小词典

绝缘法兰：阴极保护管道应与公共或场区接地系统电绝缘，其中绝缘法兰就是安装在两管段之间用于隔断电连续的电绝缘组件。

4.5.4阳极与管体间断路（包括钢芯与电缆连接处、电缆与管体连接处、电缆与测试桩连接处、电缆本体）。

①用万用表蜂鸣档测试，先检查测试桩与管体电接点是否连通，不连通时开挖管体的阳极焊点，进行补焊或更换电缆。

②确认与管体连通后，测试阳极接地电阻，测试值较投产记录明显增大时，进行阳极开挖。

③检查测试桩与阳极电缆焊点是否连通，不连通时进行补焊或更换电缆。

④检查阳极开路电位判断是否消耗殆尽，必要时更换。

⑤确认电缆连通及阳极无需更换后，可考虑对填包料进行处理，必要时用食盐水浸浇。

⑥接地电阻正常时，测试杂散电流，必要时进行排流处理或增设阳极组。

整个阴极保护系统检测过程中如发现阴极保护测试桩设施损坏（检测端子损坏、铜片断掉等），并立即进行整改处理并作好相关记录，如图5-17所示。

图5-17 阴极保护测试桩设施损坏

如检测过程中发现阴极保护测试桩设施损坏(检测桩损坏；电流线未连接等)和阴保井太深无法检测等隐患，电流测试值明显异常或与前次测试值有明显差异时，自己和班组无法处理的问题汇总上报，并做相关纪录，如图5-18所示。

图5-18 检测阀井

知识拓展

1.保护电位测试

测试方法和步骤参考牺牲阳极保护系统检测。

2.管内电流测试

可采用电压降法测试管内电流，如图5-19所示。

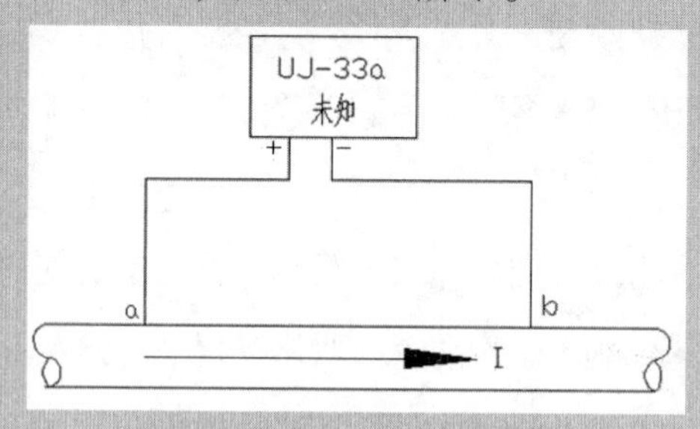

图5-19 电压降法测试接线示意图

3.绝缘法兰的绝缘性能和绝缘电阻测试

可采用电位法判断其绝缘性能，如图5-20、5-21所示。采用电位法测试其绝缘性能可疑时，应进行漏电电阻或漏电百分率测试。

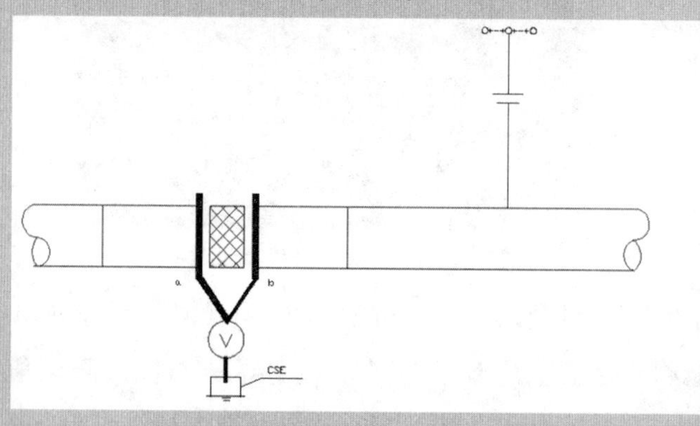

图5-20 电位法测试接线示意图

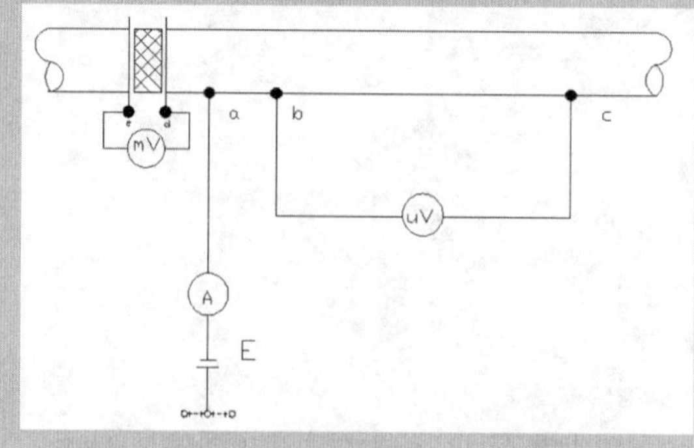

图5-21 漏电电阻测试接线示意图

三、评价与反馈

1.学习自测题

（1）填空题

①阴极保护规范和标准中规定相对于 ___________ 参比电极的保护电位最低应为或更负。

②常用的牺牲阳极品种有______基、______基和铝基合金三类。

③市区内埋地敷设的燃气干管，当采用阴极保护时，宜采用_______法。

④采取电化学防腐的保护方法叫________。

⑤两种物质存在电位差时电位比较________的那中物质首先发生腐蚀。例如铜管和钢管连接在一起时，结合部位的钢管首先发生 ____ 。

⑥从腐蚀原理上分，可以分为________腐蚀和 ________腐蚀两种。

⑦地铁杂散电流的腐蚀。电流越大腐蚀速度越快，是属于________腐蚀种类，多发生在________，________、 ________和 ________等部位。

⑧电位的测量将参比电极放置在管道的上方的潮湿土壤中，参比电与土壤接触良好。然后将万用表读数档调到________的量程上，选取________ V档，读取稳定的读数即可。

⑨电极的溶液是用________加 ________ 配制。

⑩测量电位时万用表负极接 ________正极接________。

（2）问答题

① 参比电极的作用及使用方法？

② 简述阴极保护法的优点。

2. 学习目标达成度的自我检查，请将检查结果填写在表5-2中。

表5-2

序号	学习目标	达成情况（在相应的选项后打“√”）		
		能	不能	不能是什么原因
1	说出阴极保护系统的组成			
2	总结燃气管道受腐蚀的原因及原理			
3	会使用数字式万用表等工具测量电牺牲阳极测试桩的保护电位，并进行数据的分析和判断			
4	会进行外加电流保护系统检测			

3.日常表现性评价（由小组长或者组内成员评价）

(1)工作页填写情况。

A、填写完整　B、缺失20%　C、缺失40%　D、缺失40%以下

(2)工作着装是否规范？

A、穿着校服（工作服），佩戴胸卡　B、校服或胸卡缺失一项

C、偶尔会既不穿校服又不戴胸卡　D、始终未穿校服、佩戴胸卡

(3)能否主动参与工作现场的清洁和整理工作？

A、积极主动参与5S工作　B、在组长的要求下能参与5S工作

C、在组长的要求下能参与5S工作，但效果差　D、不愿意参与5S工作

(4)是否达到全勤？

A、全勤　B、缺勤20%（有请假）

C、缺勤20%（旷课）　D、缺勤20%以上

(5)总体印象评价

A、非常优秀　B、比较优秀　C、有待改进　D、急需改进

(6)其它建议。

小组长签名：　　　　年　　月　　日

4.教师总体评价

（1）对该同学所在小组整体印象评价

A、组长负责，组内学习气氛好；

B、组长能组织组员按要求完成学习任务，个别组员不能达成学习目标；

C、组内有30%以上的学员不能达成学习目标；

D、组内大部分学员不能达成学习目标。

（2）对该同学整体印象评价

教师签名：　　　　　　　　　　年　　月　　日

学习任务6 燃气管道防腐层检测

学习目标

完成本学习任务后，你应当能

1. 能正确使用地下管道防腐层检漏仪及电火花针孔检测仪；
2. 总结出防腐层检测原理；
3. 能对防腐层检测数据进行分析和判断；
4. 编写防腐层检测报告。

建议完成本学习任务为10课时

学习内容的结构

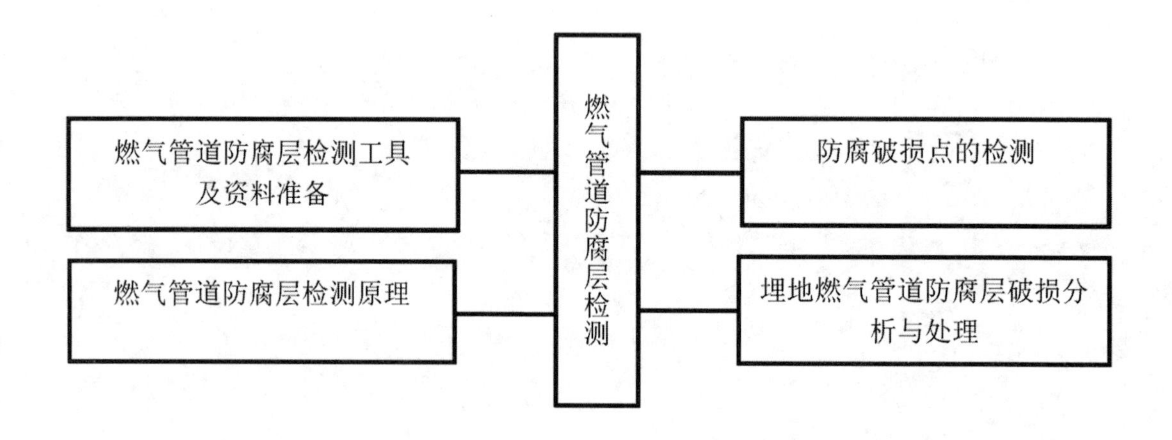

学习任务描述:

在教师的指导下熟练使用防腐层探测检漏工具进行燃气管道防腐层破损点的检测，并进行数据的分析和判断。

燃气埋地管道的安全运行是关系到千家万户生命财产安全的重要因素，据统计，在燃气管道安全运行事故中，约有三分之一是与金属管道的腐蚀有关，为此，做好管道防腐层探测，能够及时发现、控制和处理地下管道出现的安全隐患，确保燃气管道长期安全的运行。

一、学习准备

*1.燃气管道防腐层的种类。

1.1目前常用于埋地钢管保护的外防腐层有以下几种：

① 石油沥青防腐层

② 环氧煤沥青覆盖层

③ 环氧粉末覆盖层

④ 煤焦油瓷漆防腐层

⑤ 聚乙烯胶粘带防腐层

⑥ 聚乙烯防腐层

⑦ 3PE防腐层

*2.埋地燃气管道防腐层损伤及失效的原因。

① 防腐类型选择不当

② 防腐层材料质量不高

③ 防腐层结构制作不正确

④ 防腐补口的质量不好

⑤ 外力破坏造成防腐层损伤

⑥ 防腐层自然老化

⑦ 运行管理失误

*3.埋地燃气管道防腐层失效对燃气管道的影响。

管道防腐层的技术和运行状态直接关系到管道腐蚀控制系统的防腐效果，同时对管道的阴极保护系统的运行效果影响极大。实践证明，管道的腐蚀几乎发生在防

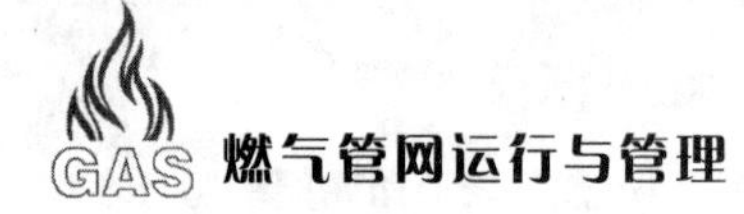

腐层的缺陷处，这种缺陷可能是明显的，也可能是隐蔽的，常见的缺陷有老化、剥离、脱落、破损等，如图6-1所示。

图6-1 防腐层破损和剥落

二、计划实施

*4.燃气管道防腐层检测作业基本流程。

如图6-2所示为燃气管道防腐层检测作业基本流程。

图6-2 燃气管道防腐层检测作业基本流程

*5.燃气管道防腐层检测工具及资料准备。

5.1管线图

如图6-3所示为所要进行防腐层检测的管线图，该图需配合管线探测仪一起使用。

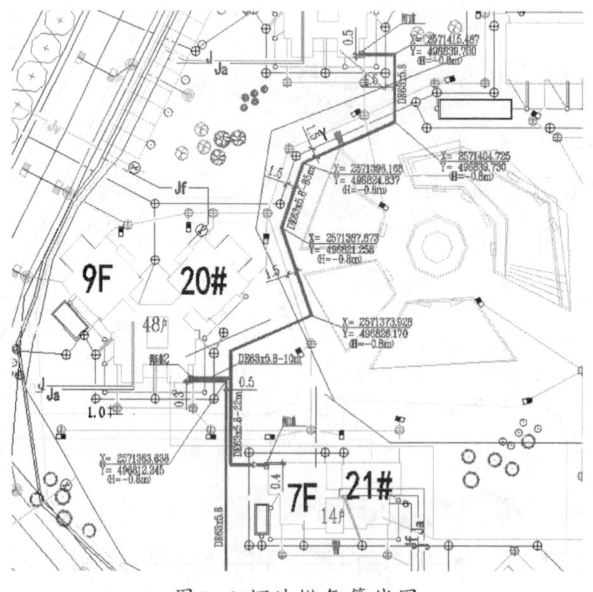

图6-3 埋地燃气管线图

5.2辅助工具

准备辅助工具，如打开井盖、阀门箱等所使用的工具。

5.3管线探测仪

地下管网的防腐层检测应先用地下管线探测仪进行区域范围内的管线定位，具体参考学习任务“埋地燃气管线探测”的内容。

5.4防腐层探测检漏仪

防腐层检测仪器设备目前常用的有SL—6型仪器、SL-2188型仪器、RD400—PCM仪器、电火花检测型仪器。

① SL-2188型仪器

如图6-4所示为SL-2188防腐层检漏仪发射机结构示意图。

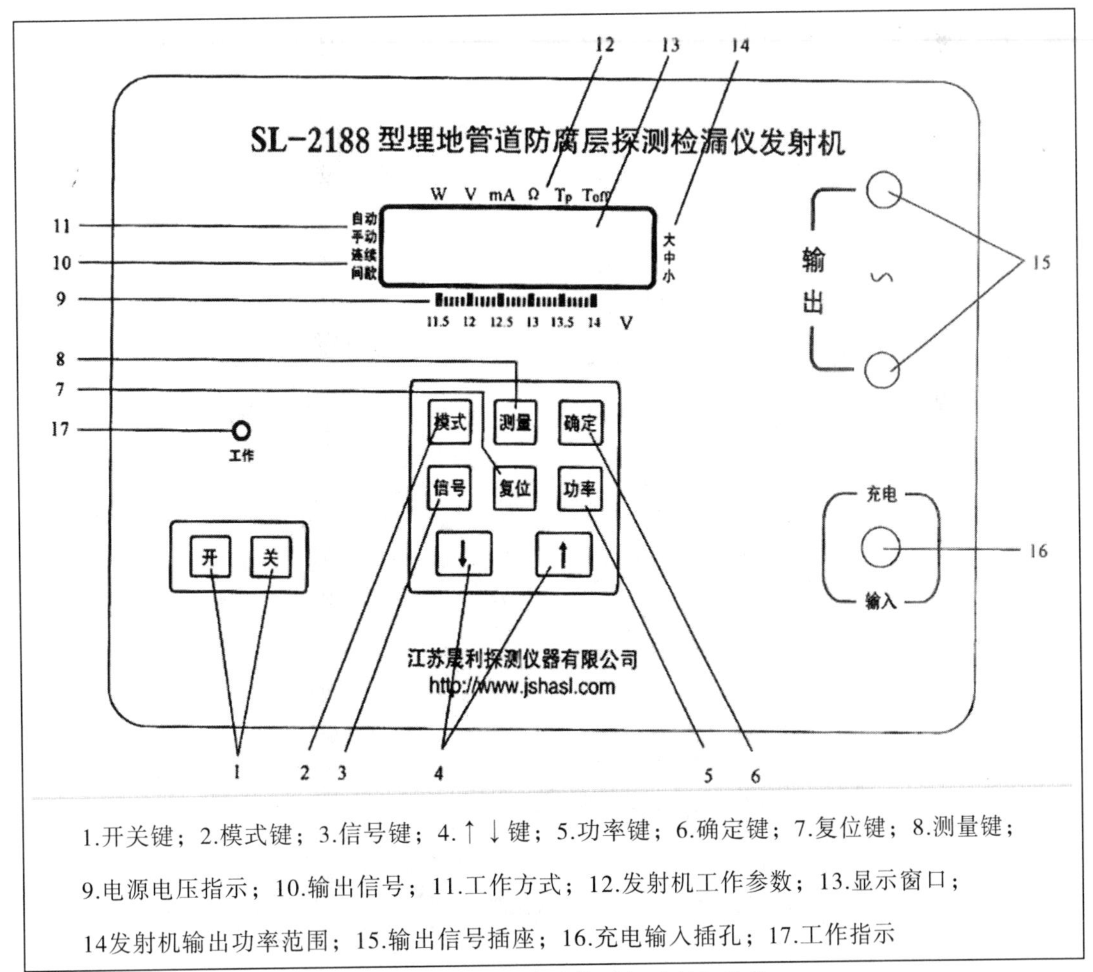

图6-4 SL-218防腐层检漏仪发射机结构

如图6-5所示为SL-2188防腐层检漏仪面板示意图。

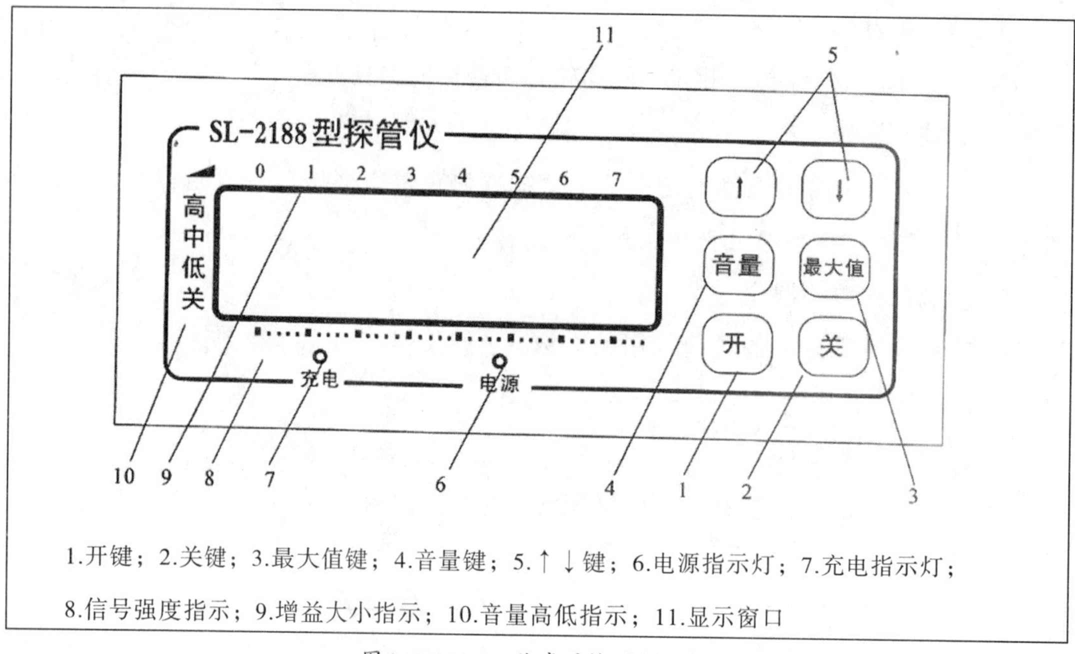

图6-5 SL2188防腐层检漏仪面板

② 江苏海安 SL-6防腐层检漏仪

如图6-6、6-7所示分别为SL-6防腐层检漏仪发射机和接收机按键图。

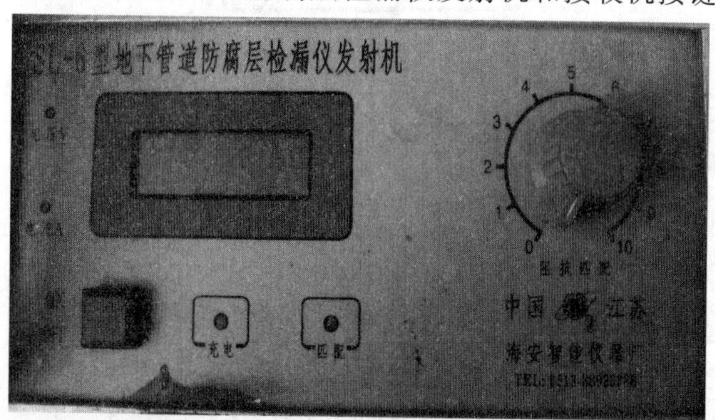

图6-6 SL-6防腐层检漏仪发射机

图6-7 SL-6防腐层检漏仪接收机

③ 电火花针孔检测仪

如图6-8所示为电火花针孔检测仪，它由主机、高压枪、探极三部分组成。其中，主机由微电脑电路、声光报警装置、计数装置和高能电池组组成；高压枪由内装电子高压发生器、外接特制的金属软管和金属探头组成；探极有多种探极配置，如刷状探极、弧度导电橡胶探极、平板导电橡胶探极。

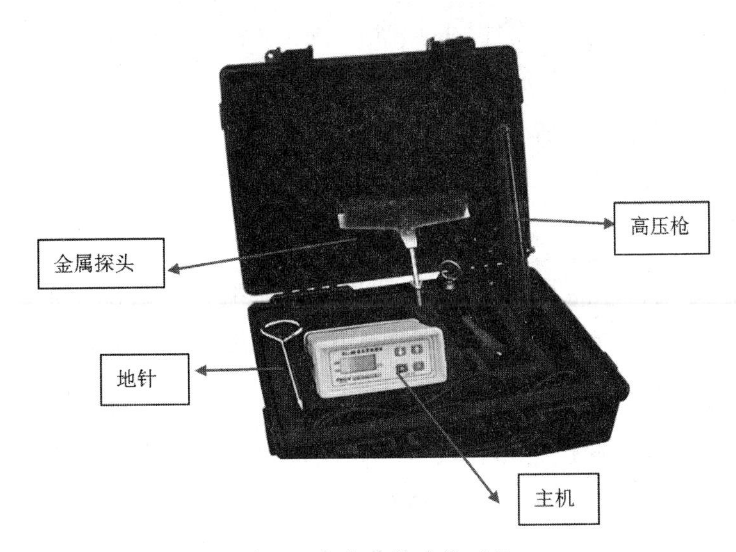

图6-8 电火花针孔检测仪

* 6.燃气管道防腐层检测周期。

根据《城镇燃气设施运行、维护和抢修安全技术规程》的规定，地下燃气管道的防腐层定期检测应符合下列规定：

①正常情况下高压、次高压管道每3年进行1次，中压管道每5年进行1次，低压管道每8年进行1次；

②上述管道运行10年后，检测周期分别为2年、3年、5年；

③已实施阴极保护的管道，当出现运行保护电流大于正常保护电流范围、运行保护电位超出正常保护电位范围、保护电位分布出现异常等情况时应检查管道防腐层；

④现场管体施工完在回填土之前的质量检验；

⑤防腐层管理中经地面检漏后开挖出管道的防腐层破损位置的检验。

* 7.燃气管道防腐层检测原理。

①电火花检漏

金属表面绝缘防腐层针孔、漏铁及漏电微孔处的电阻值和气隙密度都很小，当有高压经过时形成气隙击穿而产生火花放电，给报警电路和计数电路各产生一个脉冲信号，报警器发出声光报警，计数器记录一次，根据这一原理达到防腐层检测目的并对防腐层缺陷进行计数。

②人体电容法检漏

使用SL-6或SL-2188防腐层检测仪、向管道施加一个交变电流信号，该电流沿管道传导，当管道的防腐层存在破损时，就会在破损点的周围形成一个交变电流磁场，其中缺陷点上方电位场梯度最大，便可根据这样的地电位场的信号大小和位置，确定防腐层破损点的位置和大小。

*8.防腐破损点的检测。

8.1电火花检漏

如图6-9、6-10所示为与被测管道连接示意图，将连接磁铁放在管道末端没有涂层的部位，短接地线一端接到连接磁铁上，另一端接地；长接地线一端接到连接磁铁上，另一端连接到主机右侧面的接线柱上，须接触良好。若被测管道较长时，先将短接地线通过连接磁铁接地，长接地线一端接到主机右侧面的接线柱上，另一端接在接地棒上在地面拖动检测。如果检测所在的地面比较干燥，则宜将接地棒接入地下，以减小接地电阻，地棒插入地下1m深左右。

测试过程中可根据防腐层厚度选择合适的测试电压。检测者打开电源开关，戴上高压手套，按住高压输出按钮，仪器内微电脑自动变换，电源电压指示灯熄灭，输出高压指示灯发光，液晶表头显示转换为输出高压值，调节输出按钮，使液晶显示值为所需的高压值（每次使用完毕后输出调节按钮应调到最小）。松开高压输出按钮，仪器处于待工作状态。

试将探刷靠近或碰触被测燃气管道（不可短路，以免过放负荷而损坏仪器），如被测燃气管道防腐层有破损处就能看到放电火花（其火花的长短与输出电压高低有关），并有声光报警。

8.2人体电容法检漏

根据实际地形和管线分布情况选择合适的检测信号施加点，按《仪器使用说明书》的要求将发射机交变信号源连接到管道上，发射机的另一条接线接地，如图6-11所示。

检查调节仪器各个旋钮至输出最小档位，然后打开电源开关。

将仪器发射机的信号调整到合适值后，开始检测。

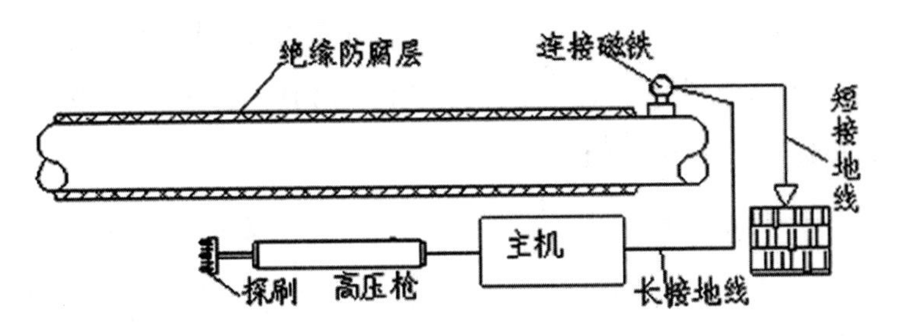

图6-9被测管道较短时的连接方法图

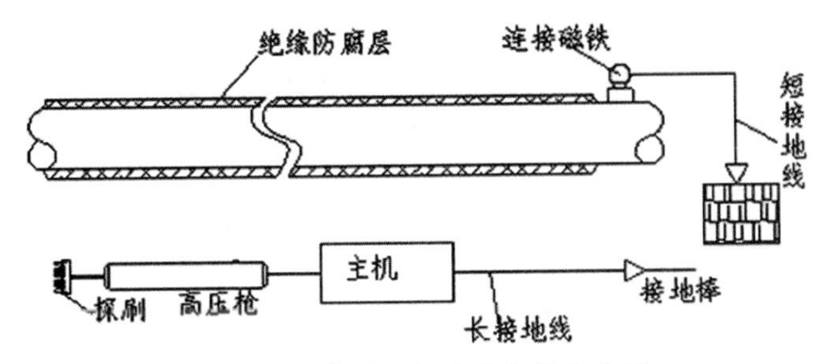

图6-10被测管道较长时的连接方法图

两位检测人员手持防腐探测接收机，每人牵一测试线，相隔4～5米，在管道上方的地面徒步行走，通过人体对地的耦合电容来收取电磁信号，当两人接近破损点形成的电位场时产生电位差，接收机发出警报音，到达破损点中心时声频信号最大，从而确定缺陷点或阳极位置，如图6-1010a、b所示。

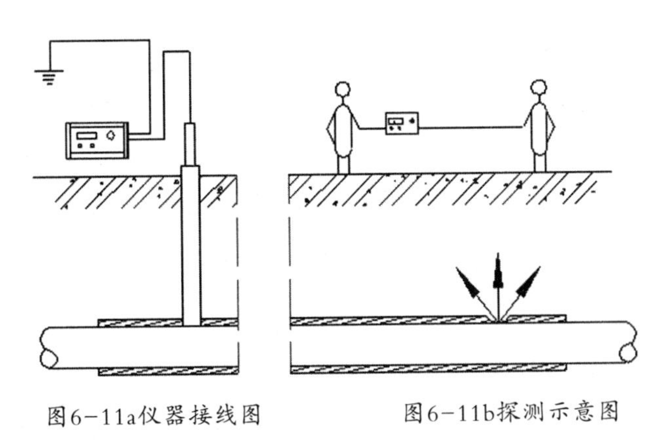

图6-11a仪器接线图　　图6-11b探测示意图

要对防腐层破损点进行精确定位，可采取以下方法：

①移动参比法：当两名检测人员在管道上方纵向向前检测时，脚所踩的位置及与土壤的接触状况均对检测示值有一定的影响,难以确定是谁的影响造成了表头显示示值的变化,只能在先到达的信号最强处做一记号,作为初定。

②等距回零法：凡是点状破损应以漏点为中心,两人在等半径的任何位置上示值均应为零,有此现象即为等距回零，破损点定位得到验证。

而对于探测到的防腐层破损点，可根据下属方法确定破损点的大小：

①数字直读法：相同条件下，显示数值为300-600mV，定为三类破损点；600-900mV，定为二类破损点；900mV以上的定为一类破损点。

②辐射距离法：三类破损点辐射距离为1-2m，一类破损点辐射距离为6m以上，二类破损点在两者之间。

检测出的防腐层缺陷点用做好标记，并填写《埋地燃气管道防腐层检测结果报告》，如表6-1所示。

防腐层检测报告 **表6-1**

检测仪器		检测时间	年　月　日
检测区域及管网信息			
检测结果及建议：			
检测人员			
检查		审核	

*9.防腐层破损点的标记。

破损点精确定位后，要作好标记。水泥沥青路面可以喷漆标记，泥土路面可用木桩标记，荒草水塘地表可用竹竿扣以彩旗插在上面，以便查找。

*10.破损点开挖验证。

破损点的开挖验证可以采用如下几种办法：

①高压电火花检测法

利用高压电火花检漏仪的毛刷探头，在已被挖掘悬空的管道表面平刷，当高压探极经过微小的破损点时，就会发生电压击穿，产生电火花放电，并同时发出声光报警，此法很容易找出极小漏点。

②镜面反照法

当破损点位于管道底部，人眼不能直接观察时，可用一面较大的镜子，配以放大镜放大，以便观察。

③湿布手工触摸法

用一湿布或湿海绵，将挖出悬空的管段湿润，然后检测人员将检漏线金属鱼夹与人体电性相连。再用手沿管线触摸，摸到破损处时，仪表示值、音响均会变大，由此确定破损点。

④泥土再测电位法

采取了上述三种方法仍找不到破损点时，说明漏点定偏或开挖人员挖偏，在此情况下地表仍有电位且不相等，破损点在电位高的一边土中。向电位高的一边挖，就可以挖到破损点。

破损点开挖验证如图6-12所示，土中1、5为地表泥土，当破损点在2处时，仍未被挖出，地表1的电位要比地表5一边的电位大的多，3、4破损点在此处时，管道已被挖出悬空，不能通过土壤传导电流，故1、5处地表无电位，破损点在3时，可以直接看出，破损点在4时，由于在管道中下部要用镜片反照才能看出，太小时还需放大镜才能看到。

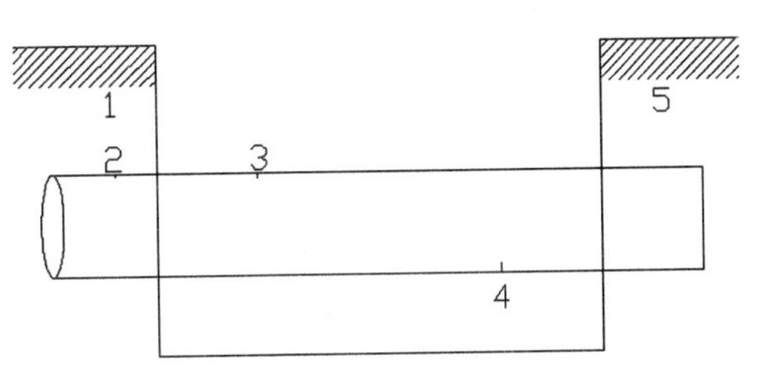

图6-12 管道防腐层破损处开挖验证示意图

小提示

（1）把检测仪器发射机连线连接在待测管线上，选择合适的加电点，一般选在管道的末端，地棒要远离待测管道、离发射机至少5米的地方且接地要良好。

（2）根据检测管道情况调到合适的电流输出值（一般情况下SL——6仪器电流调节档位不大于5档、电流输出在480ma为宜）。

（3）路中作业需配带安全用品，如反光衣，安全帽，防砸鞋，除探测的二名人员外，需有一名人员现场指挥交通。晚上作业应增加配置方位灯示警。

*11.埋地燃气管防腐层破损的分析与处理。

如表6-2所示为防腐层破损缺陷点评价指标，根据防腐层破损点检测数据将防腐层破损点分为三类，如下所示。

埋地钢质管道防腐层地面检漏评价指标　　表6-2

等级	优	良	可
破损缺陷点（/10km）	<2	<4	<8

① 一类防腐层破损点

该类防腐层破损严重，或破损面积较大，防腐层已经失去了防腐作用，相当于管道裸露在土壤中，这类破损点管道已经或正在发生严重量腐蚀。一类破损点管道无论是否有阴极保护系统，必须立即对破损的防腐层进行修复，否则管道迟早会发生腐蚀穿孔。

② 二类破损点

防腐层质量很差，破损点处防腐层还存在，但已几乎失去防腐作用，防腐层和管道之间已发生了严重剥离，水已进入了防腐层与管道之间，有些点管道已发生了不同程度腐蚀，这类破损点需要在1-2年内进行修复。否则也会发展成一类点形成穿孔。这类点若有阴极保护时可以缓期维修，但会加速牺牲阳极的损耗。

③ 三类防腐层破损点

防腐层老化严重，或存在缝隙或渗水现象，防腐层与管道存在轻度剥离，防腐层的绝缘电阻率很小，漏电严重，或者是防腐层很薄。裸露后用眼睛观察不出裸铁

点，用电火花仪检查时有火花产生。这类防腐层破损点，在有阴极保护系统保护电位达到保护标准情况下，可以不用修复。没有阴极保护时3年内需要修复。

三、评价与反馈

1.学习自测题

（1）填空题

①使用SL-2188检测防腐层破损点时，接收机数值显示______ma以上为一类点；________ma为二类点；________ma为三类点；从辐射距离分，三类点辐射距离____，米；二类点辐射距离_______米，牺牲阳极和一类点可达10米左右。

② SL-6,SL-2188防腐层检测仪原理方法叫______________。

③使用SL-6进行防腐层检测时,发射机档位不大于_______档,电流输出_______ma为宜。

④ 阴极保护电位国家最低标准为 _______。

⑤ 管线探测仪或防腐探测仪发射机的使用电压是_______V

⑥ 跟据国家规范，高压次高压管道，每________年进行一次防腐层检测，中压管道每_______年进行一次检测，低压管道每_______年进行一次防腐层检测。上述管道运行10年后检测周期分别为 _______年，_______年，_______年。8.管道的阴极保护系统，阴极保护电位检测每年不小于_______次。

⑦ 防腐检测仪的原理是发射机向地下管道发送人个特定的______信号，在地下管道防腐层破损点处与大地形成______，并向地面辐射，在破损点正上方辐射信号____，根据这一原理找出管道防腐层的破损点。

（2）选择题/是非题

① 设计图纸上标示的阳极符号是（　）

A ▲　B ○　C ★

② 防腐探测仪的接收机检测防腐破损点时采用的方法叫（　）。

A平衡法　B 人体电容法　C电压对比法

③ 电火花检测仪是根据（　）原理

A 欧母定律　B电磁原理　C能量原理　D高压放电

④使用防腐层检测仪进行检测作业时，二名检测都的距离要保持一致，正常时的行进速度要（　）

A 快　B 慢　C均匀　D 变化

⑤有一段100米的新管道，设计安装阳极一组。验收时测量到的阴极保护电位是-0.68V 探测员出具的探测报告为“发现阳极一组防腐层质量合格（ ）

⑥目前探测钢管的仪器其原理都是建立在电流的基础上（ ）

⑦发射机接地线最好不要跨越其它管线的顶部，这种情况发射的信号会偶合到其它管线上引起误判（ ）

⑧防腐探测时，二位探测员平衡着管道行走，探测员探测到管道上方有二处相明显的警报声，且二处警报声双隔不远，探测员判断该段管道有二处防腐层破损点。（ ）

⑨新管道入沟前，施工单位严格按照规范需做到对管道100%刷电火花检测（ ）

（3）问答题

① 防腐层检测仪是为了探测出金属管线的什么问题?

② SL-2088型地下管道防腐层探测检漏仪主要包括哪几个部分?

③ 防腐层破损检测的方法是怎样的?

④ 防腐层破损点检测周期是多少?

⑤　对于仪器在地面无法检测到的管道，可采取什么方式进行防腐层破损情况检查?

2、学习目标达成度的自我检查，请将检查结果填写在表6-5中。

表6-5

序号	学习目标	达成情况（在相应的选项后打“√”）		
		能	不能	不能是什么原因
1	使用地下管道防腐层检漏仪及电火花针孔检测仪完成防腐层的检测作业			
2	总结出防腐层检测原理			
3	能对防腐层检测数据进行分析和判断			
4	编写防腐层检测报告			

3.日常表现性评价（由小组长或者组内成员评价）

(1)工作页填写情况。

A、填写完整　B、缺失20%　C、缺失40%　D、缺失40%以下

(2)工作着装是否规范?

A、穿着校服（工作服），佩戴胸卡　B、校服或胸卡缺失一项

C、偶尔会既不穿校服又不戴胸卡　D、始终未穿校服、佩戴胸卡

(3)能否主动参与工作现场的清洁和整理工作?

A、积极主动参与5S工作　B、在组长的要求下能参与5S工作

C、在组长的要求下能参与5S工作，但效果差　D、不愿意参与5S工作

(4)是否达到全勤?

A、全勤　B、缺勤20%（有请假）　C、缺勤20%（旷课）　D、缺勤20%以上

(5)总体印象评价

A、非常优秀　B、比较优秀　C、有待改进　D、急需改进

(6)其它建议。

小组长签名：　年　月　日

4.教师总体评价

（1）对该同学所在小组整体印象评价

A、组长负责，组内学习气氛好；

B、组长能组织组员按要求完成学习任务，个别组员不能达成学习目标；

C、组内有30%以上的学员不能达成学习目标；

D、组内大部分学员不能达成学习目标。

（2）对该同学整体印象评价

教师签名：　年　月　日

参考文献

[1]佛山燃气集团禅城分公司，设备仪器快速使用指引（内部资料）

[2]山东港华培训学院 港华工程技术培训学校，《电缆及管道探测》（第一版，内部资料）

[3]山东港华培训学院 港华工程技术培训学校.《气体泄漏巡查》（第三版，内部资料）

[4]德国竖威公司，HS660燃气管网检测仪培训资料.（内部资料）

[5]德国竖威公司，LP燃气检测车培训资料.（内部资料）

[6]中国城市燃气协会主编，《城镇燃气设施运行、维护和抢修安全技术规程实施指南》，中国建筑工业出版社，2007

[7] 深圳燃气集团，抢修培训资料（内部资料）

[8] 东莞新奥燃气集团，燃气管道事故抢修手册（内部资料）

[9] 深圳燃气集团输配分公司，高压管线运行部检测组阴极保护检测资料（内部资料）

[10] 佛山燃气集团禅城分公司，探测班工作规定（内部资料）

[11] 袁厚明主编，《地下管线检测技术》，中国石化出版社，2012

[12] 蔡北勤主编，《汽车车身电器维修工作页》人民交通出版社，2013

[13] 赵志群《职业教育工学结合一体化课程开发指南》清华大学出版社，2009

附　录

《燃气管网工》练习题

一、单项选择题

1.天然气的主要成分为(　　)。

A.丙烷　　B.丁烷　　C.甲烷　　D.乙烷

2.天然气、人工煤气、液化石油气,这三种燃气的热值相比,(　　)。

A.天然气热值较高　　B.液化石油气热值较高

C.人工煤气热值较高　　D.三种燃气热值一样高

3.可燃气体的爆炸下限越低,爆炸范围就越大,则(　　)。

A.火灾危险性最小　　B.火灾危险性最大　　C.不存在危险性　　D.难以说明

4.城市燃气的质量要求,低热值应大于(　　)MJ/Nm^3。

A. 13.7　　B.14.7　　C.16.7　　D.18.7

5.可燃气体与空气的混合物遇明火引起爆炸的可燃气体最低浓度,称为(　　)。

A.爆炸极限　　B.爆炸下限　　C.爆炸上限　　D.爆炸无限

6.某市天然气中压燃气管网运行压力为 0.2 MPa,我们一般说是(　　) kgf/cm^2。

A.20　　B.2　　C.0.2　　D.0.02

7.在压力单位换算中,1 mm 水柱压力约为(　　)Pa。

A.10　　B.100　　C.1　　D.1 000

8.一般纯天然气的热值为(　　)MJ/m^3。

A. 16~17　　B.36~39　　C.90~120　　D.14.7

9.一般天然气的爆炸极限是(　　)。

A.1.5%~9.5%　　B.5%~15%　　C.15%~45%　　D.10%~30%

10. 一般液化石油气的爆炸极限是(　　)。

A.1.5%~9.5%　　B.5%~15%　　C.5%~30%　　D.20%~50%

11.可燃气体的爆炸下限越低,其发生爆炸的危险性 (　　)。

A.越大　　B.越小

C.保持不变,与爆炸下限高低无关　　D.难以确定

12.通常燃气在空气中的浓度低于爆炸下限时遇到火源 (　　)。

A.可能会发生爆炸　　B.一定会发生爆炸

C.不会发生爆炸　　D.一定会发生燃烧

13.国家城市燃气质量标准规定,可作为城市气源的燃气,其低发热值必须高于(　　)kJ/Nm^3。

A. 10 000　　B.14 700　　C.16 700　　D.36 000

14.我市居民使用的天然气存在刺鼻的臭味,下列说法正确的是(　　)。

A.臭味是天然气本身的味道

B.臭味是管道中杂质或微生物腐烂变质所散发的气味

C.臭味是为了保证使用安全所必须加入的

D.臭味影响了环境,应尽量消除

15.根据国家标准,城镇低压燃气管道的输送压力范围是(　　)。

A.0.2 MPa$<P\leqslant$0.4 MPa　　B.0.01 MPa$<P\leqslant$0.2 MPa

C.$P<$0.01 MPa　　D.0.1 MPa$<P\leqslant$0.2 MPa

16.民用低压用气设备的燃烧器使用天然气时,其额定压力应为(　　)。

A. 2 kPa　　B.3.5 kPa　　C.5 kPa　　D.6 kPa

17.无缝钢管 DN150 表示该管材(　　)。

A.内径 150 mm　　B.平均直径 150 mm　　C.公称直径 150 mm　　D.外径 150 mm

18. PE 管热熔接口检验抽查数量应包括第一道热熔对接接口在内,不少于接口总数 15%,且每个焊工不少于(　　)个焊缝。

A.1　　B.2　　C.3　　D.4

19. 一般聚乙烯管采用(　　)色可以较好地防止老化。

A.蓝　　B.绿　　C.红　　D.黑

20.(　　)色常用于识别燃气管道。

A.蓝　　B.绿　　C.黄　　D.红

21. 一般用(　　)指标来评价聚乙烯管材的长期使用性能。

A.MRS(最低要求的静液压强度)　　B.SDR(标准尺寸比)

C.Fd(设计系数)　　D.de/e(管公称外径/管公称规定壁厚)

22. PE80 等级的聚乙烯管表示该管材的长期静液压强度为(　　)。

A. 80 MPa　　B.8.0 MPa　　C.0.8 MPa　　D.80 kPa

23.可探警示带应紧贴 PE 管埋地敷设,每隔(　　)用胶带将警示带与 PE 管固定。

A.1 m　　B.2 m　　C.3 m　　D.4 m

24. PE100 是指在 20 ℃条件下,聚乙烯管材在 50 年后仍能保持(　　)最低强度。

A. 100 MPa　　B.10.0 MPa　　C.1 MPa　　D.100 kPa

25.用于连接两根公称直径相同的管子,并使管道改变方向的管件是(　　)。

A.活接头　　B.等径弯头　　C.外接头　　D.内外螺纹管接头

26.以下最适合作防腐底漆的是(　　)。

A.铁红防腐漆　　B.铝粉防腐漆　　C.红丹防腐漆　　D.银粉

27.以管沟开挖方法敷设的埋地聚乙烯(PE)燃气管道应设塑料保护板进行保护,保护板敷设在管道正上方约(　　)距离。

A. 600 mm　　B.500 mm　　C.400 mm　　D.300 mm

28.埋设 PE 管的管沟回填时,应注意避免损坏警示带及信号源井不锈钢引线,警示带的填沙厚度不小于(　　)。

A. 60 mm　　B.50 mm　　C.40 mm　　D.30 mm

29. RT2-3125FQ 型调压器进口压力 P_1为 0.2~0.4 MPa,则该调压器的强度试验压力 $P_{强}$应为(　　)。

A.0.8 MPa　　B.0.9 MPa　　C.0.6 MPa　　D.0.2 MPa

30. 一只压力表的测量范围为 0~400 kPa,已知其允许的最大绝对误差为 6 kPa,则其基本允许误差为(　　)。

A.2%　　B.1.5%　　C.1%　　D.0.5%

31.常用的压力表所指示的压力为(　　)。

A.标准压力　　B.大气压力　　C.表压力　　D.负压力

32.U 形液柱压力计,压力计内的液体密度为 ρ,两端的液面高度差为 h,PO 代表大气压力,绝对压力 P 应该等于(　　)。

A.$P=PO-\rho gh$　　B.$P=PO+\rho gh$　　C.$P=PO-\rho g/h$　　D.$P=PO+\rho g/h$

33.安装家用燃气灶具的房间的耐火等级不得低于(　　)级。

A.四　　B.三　　C.二　　D.一

34.安装热水器的房间,在门的下部应预留有效面积不小于(　　)的百叶窗或通风口。

A.0.05 m^2　　B.0.04 m^2　　C.0.03 m^2　　D.0.02 m^2

35.根据民用燃具点火要求,燃气热水器与对面墙之间净距至少应为(　　)。

A.1 m　　B.1.5 m　　C.2 m　　D.2.5 m

36.嵌入式灶具考克的安装位置与灶具边缘的水平净距不得小于(　　)。

A. 400 mm　　B.300 mm　　C.200 mm　　D.100 mm

37.在法定计量单位中,长度的基本单位是(　　)。

A.毫米　　B.尺　　C.米　　D.寸

38.热力学温度的零度相当于摄氏温度(　　)。

A. 0 ℃　　B.-273.15 ℃　　C.273. 15 ℃　　D.373.15 ℃

39.1 mm 水柱相当于(　　)。

A.133.3 Pa　　B.13.33 Pa　　C. 98 Pa　　D.9.8 Pa

40. 1 Pa 相当于 1 N 的力作用于(　　)面积上。

A.1 mm^2　　B.1 cm^2　　C.1 dm^2　　D.1 m^2

41.市政中压燃气管网正常巡查周期为(　　)。

A.1 d　　B.2 d　　C.3 d　　D.5 d

42.使用液化石油气时,灶前的额定压力为(　　)。

A.1.0 kPa　　B.　2.0 kPa　　C.2.8 kPa　　D.5.0 kPa

43.使用天然气时,灶前的额定压力为(　　)。

A.1.0 kPa　　B.2.0 kPa　　C.2.8 kPa　　D.5.0 kPa

44.户内燃气管道一般采用(　　)方式连接。

A.螺纹　　B.法兰　　C.电焊　　D.承插

45.螺纹连接的燃气管道采用(　　)作为密封材料。

A.聚乙烯　　B.聚四氟乙烯　　C.聚丙烯　　D.耐油石棉垫片

46.燃气流量表与燃气用具水平净距应大于(　　)。

A. 10 cm　　B.20 cm　　C.30 cm　　D.50 cm

47.当燃气胶管高于灶具时,胶管与灶具边缘的水平净距应大于(　　)。

A. 10 cm　　B.20 cm　　C.30 cm　　D.50 cm

48.户内通气作业,若燃具点火(　　)次不成功,应暂停点火,开窗通风,确认室内无燃气味后重新进行燃具点火。

A.1　　B.2　　C.3　　D. 5

49.不能用于查找低压燃气管道是否泄漏的方法为(　　)。

A.肥皂液涂刷　　B.眼看,耳听,手摸,鼻闻

C.燃气泄漏检测仪检测　　D.明火查漏

50.U 形水柱压力计应稳固地安装在支架上,并应尽量保持(　　)。

A.垂直　　B.水平　　C.平衡　　D.随意

51.安全检查时,发现用户燃气管道泄漏时,应立即关闭(　　),切断用户气源,自己能维修时及时维修,不能维修时立即通知抢险人员维修。

A.下降管球阀　　B.分户球阀　　C.旋塞阀　　D.流量表

52.(　　)热水器可以安装在浴室。

A.直接排气式　　B.烟道式　　C.强排式　　D.对流平衡式

53.通气作业前应确认(　　)方可开始作业。

A.分户球阀处于关闭状态　　B.调压器工况正常

C.流量表计数器转动正常　　D.旋塞处于关闭状态

54.管道燃气居民用户通气作业置换时,排气胶管放散一端不能引到(　　)。

A.室外　　B.阳台　　C.卧室　　D.通气良好的地点

55.供气企业应(　　)年对管道燃气用户用气情况进行一次安全检查。

A.半　　B.1　　C.2　　D.3

56.燃气表进出口方向可以通过(　　)图标或标有“IN”和“OUT”文字判断。

A.指示箭头　　B.指示三角形　　C.指示灯　　D.指示器

57.调压器内部大都是机械结构,通常要求(　　)方向安装。

A.水平　　B.垂直　　C.水平或垂直　　D.随意

58.地下燃气管网不能采用(　　)方式巡查。

A.步行　　B.自行车

C.最高时速低于 20 km/h 的机动车　　D.最低时速高于 20 km/h 的机动车

59.居民用户室内燃气管道一般使用(　　)。

A.外镀锌钢管　　B.镀锌钢管　　C.无缝钢管　　D.塑料管

60.高位安装家用燃气流量表时,流量表与燃气灶的水平净距不得小于(　　)。

A.10 mm　　B.15 mm　　C.25 mm　　D.30 mm

61.地下中压燃气管道沿管道直线段设置的标志桩距离最长不应超过(　　)。

A.15 m　　B.20 m　　C.30 m　　D.50 m

62.施工安装 *DN*50 的上升立管,钢管支架之间的最大间距为(　　)。

A.3 m　　B.4 m　　C.5 m　　D.6 m

63.管道穿墙、楼板处的套管应采用(　　)。

A.薄壁钢管　　B.硬聚氯乙烯管　　C.PE 管　　D.镀锌管

64.管道穿墙、楼板常采用的防腐方式为(　　)。

A.热收缩套　　B.牛油胶布　　C.环氧煤沥青　　D.PVC 胶布

65. PE 管外径等于或小于(　　)必须采用电熔焊接。

A.90 mm　　B.110 mm　　C.160 mm　　D.200 mm

66.天然气的主要成分为(　　)。

A.C_3H_8　　B.C_4H_{10}　　C.CH_4　　D.C_2H_6

67.液化石油气的主要成分为(　　)。

A.C1、C2、C3　　B.C2、C3　　C.C4、C5　　D.C3、C4

68.相同状态下气态天然气与气态液化石油气的密度相比,则(　　)。

A.气态天然气大　　B.气态液化石油气大　　C.一样大　　D.难以比较

69.以真空压力为零来计量流体压力的制式称为(　　)。

A.表压　　B.绝对压力　　C.压差　　D.压强

70.以下四种燃气中爆炸危险性最大的是(　　)。

A.天然气　　B.人工煤气　　C.液化石油气　　D.沼气

71.人工煤气的质量指标中规定,一氧化碳(CO)含量不能超过(　　)。

A.25%　　B.10%　　C.15%　　D.20%

72.天然气的质量指标中规定,硫化氢含量不能超过(　　)。

A.50 mg/m^3　　B.40 mg/m^3　　C.30 mg/m^3　　D.20 mg/m^3

73.一氧化碳与氧气相比,它与人体血红蛋白的亲和力相比(　　)。

A.氧气亲和力大　　B.一氧化碳亲和力大　　C.两者一样大　　D.难以比较

74.燃烧相同体积的天然气和液化石油气需要空气量相比,则(　　)。

A.天然气大　　B.一样大　　C.液化石油气大　　D.难以比较

75.液化石油气在(　　)条件下会变成液态。

A.高压或降温　　B.常温　　C.常压　　D.常温常压

76.液化石油气的蒸气压与(　　)有关。

A 沸点　　B.产地　　C.成分　　D.组分

77.液化石油气加压或冷却时,使其液化的温度一般称为(　　)。

A.沸点　　B.露点　　C.燃点　　D.闪点

78.沸点是相对于(　　) 而言。

A.温度　　B.液体　　C.气体　　D.压力

79.爆炸浓度下限高于 10%的可燃气体属于(　　)的可燃气体。

A.一级　　B.二级　　C.三级　　D.四级

80.爆炸浓度下限低于 10%的可燃气体属于(　　)的可燃气体。

A.一级　　B.二级　　C.三级　　D.四级

81.物质的数量等于该物质的分子量,称为(　　)。

A.摩尔数　　B.质量　　C.数量　　D.体积

82.气体的相对密度是相对于(　　)而言。

A.空气　　B.氢气　　C.石油气　　C.氮气

83.流体的沸点温度随外界压力的增加而(　　)。

A.上升　　B.下降　　C.保持不变　　D.变化不大

84.接收终端的 LNG 通过与(　　)热交换,使其气化工艺变得简便。

A.淡水　　B.沸水　　C.盐水　　D.海水

85.(　　)是造成地球温室效应的主要物质。

A.氢气　　B.硫化氢　　C.一氧化碳　　D.二氧化碳

86.饱和烃为(　　)。

A.烷烃　　B.烯烃　　C.乙烯　　D.丙烯

87.不饱和烃为(　　)。

A.烷烃　　B.烯烃　　C.甲烷　　D.乙烷

88.碳原子数相同,丙烷与丙烯的沸点相比,(　　)。

A.丙烯比丙烷高　　B.丙烷比丙烯高　　C.一样高　　C.难以比较

89.液体体积压缩系数是指压力升高(　　)时液化体积的减缩量。

A.0.5 MPa　　B.1.0 MPa　　C.1.5 MPa　　D.2.0 MPa

90.可燃气体的爆炸极限表示(　　)。

A.燃气与空气混合物的含量

B.燃气与空气混合物中的空气含量(体积百分比)

C.燃气与空气混合物中的燃气含量(体积百分比)

D.空气与燃气混合物之比

91.当物质的温度变化是在体积不变的条件下进行的比热,称为(　　)。

A.定容比热　　B.定压比热　　C.定量比热　　D.定值比热

92.当物质的温度变化是在压力不变的条件下进行的比热,称为(　　)。

A.定容比热　　B.定压比热　　C.定量比热　　D.定值比热

93.关于天然气的主要优点,下述说法错误的是(　　)。

A.清洁环保,燃烧排放物中 CO_2 含量少

B.资源丰富,可满足人类对能源较长时间的要求

C.安全性高,密度比空气大,扩散速度小

D.不含 CO、H_2S 等有毒物质

94.液化石油气属于(　　)。

A.一次能源　　B.二次能源

C.可再生能源　　D.来源不同,所以不确定

95.下列叙述正确的是(　　)。

A.天然气是纯净物,又名甲烷

B.天然气是混合物,主要成分是甲烷,还含有一些其他碳氢化合物

C.液化石油气是纯净物,又名丙烷

D.液化石油气是混合物,只由丙烷和丁烷两种成分组成

96.天然气与液化石油气相比,其氢碳比(　　)。

A.天然气高　　B.液化石油气高　　C.两者一样　　D.无法比较

97.丙烷的分子量是(　　)。

A.30　　B.42　　C.44　　D.58

98.对于液态烷烃,温度升高,液体的密度会(　　)。

A.升高　　B.下降　　C.保持不变　　D.无法判断

99.标准状况下,某燃气的密度为2.6 kg/m^3,已知空气的密度为1.3 kg/m^3,则标准状态下该燃气的相对密度为(　　)。

A.2.0　　B.0.2　　C.0.5　　D.5

100.已知某燃气某温度时液态密度为0.5×10^3 kg/m^3、气态密度为2.0 kg/m^3,则该温度时,此燃气由液态变为气态体积将扩大(　　)倍。

A.25　　B.40　　C.250　　D.400

101.工程换算中不正确的是(　　)。

A.1 PSI≈0.1 MPa　　B.1 bar = 0.1 MPa　　C.1 cal≈4.2J　　D.1 L=0.001m^3

102.电流的大小和方向随时间的变化而变化的称为(　　)。

A.直流电　　B.交流电　　C.不能确定　　D.恒流电

103.下面(　　)不是电做功的例子。

A.电水壶　　B.电动机　　C.发电机　　D.电灯

104.电动机铭牌上所标电流是指电动机定子绕组的(　　)。

A.相电流　　B.线电流　　C.工作电压　　D.以上都不是

105.电动机可分为(　　)两大类。

A.同步电动机和异步电动机　　B.鼠笼式电动机和线绕式电动机

C.单相电动机和三相电动机　　D.直流电动机和交流电动机

106.直流电的(　　)不随时间的变化而变化。

A.电流的大小和方向　　B.电流的大小

C.电流的方向　　D.电压的大小和方向

107.在非冰冻地区,地下燃气管道埋设在非车行道下时,路面至管顶的最小覆土厚应不得小于(　　)m。

A.0.6　　B.0.8　　C.1.0　　D.1.2

108.在易燃材料附近施焊时,必须有(　　)m以上的安全距离,并做好防护。

A.3　　B.5　　C.8　　D.10

109.气焊、气割完毕,必须把乙炔发生器内的(　　)倒净。

A.乙炔气　　B.氧气　　C.电石　　D.空气

110.燃气管道进行吹扫时,应有足够的流量,保证吹扫流速不小于(　　) m/s。

A.3　　B.20　　C.10　　D.15

111.在非冻土地区,地下燃气管道埋设在车行道下时的埋深不得小于(　　)m。

A.0.6　　B.0.8　　C.1.0　　D.1.2

112.丝扣连接的管道当管径为 *DN*25 时,采用(　　)板套丝。

A.1　　B.2　　C.3　　D.4

113. 将燃气从用户管道引入口总阀门引入室内并分配到每个燃具的燃气管道称为(　　)。

A.分配管道　　B.室内燃气管道　　C.地下燃气管道　　D.用户引入管

114.氧气瓶和乙炔发生器与火源的距离应不小于(　　)m。

A.3　　B.5　　C.8　　D.10

115.城市燃气管道的吹扫应有足够的压力,其吹扫压力不得(　　)压力。

A.小于设计　　B.大于设计　　C.等于设计　　D.大于 0.1 MPa

116.对穿越铁路、公路、河流、干道及人口密集区的管道焊口,应进行(　　)探伤。

A.10%　　B.15%　　C.30%　　D.100%

117.在有腐蚀、易燃和特别潮湿场所(　　)明线敷设。

A.允许采用　　B.禁止采用　　C.必须采用　　D.没有规定

118.燃气引入管埋深应在冰冻线以下,并应有不低于(　　)的坡度坡向干管或凝水缸。

A.1%　　B.2%　　C.3%　　D.4%

119.煤气补偿器安装时应注意方向性,内套管有焊缝的一端应(　　)介质流向安装,并在波节下方安装放水阀。

A.顺着　　B.逆着　　C.没有规定　　D.先顺着,再逆着

120.长输管线均采用(　　),连接方法为焊接低压庭院管可采用(　　),压力不能超过 400 Pa。

A.钢管,PE　　B.铸铁管,普通塑料管

C.镀锌铁管,PE　　D.黑镀管,普通塑料管

121.燃气埋地用聚乙烯管材在使用前应检查在管材外表面是否有出厂的永久性标志(　　)。

A.“热稳定性”　　B.“GB”

C.“SDR11”　　D.“燃气”或“CAs”字样

122.为了区别管道输送的介质,应在不同的管道表面涂不同颜色的油漆和色环,液化石油气管底色颜色和色环颜色、天然气管底色颜色和色环颜色分别为(　　)。

A.黄、黑、黄、绿　　B.黄、绿、黄、黑

C.深蓝、黑、黄、绿　　D.深蓝、黑、绿、黄

123.没有供热的小区庭院天然气管道敷设时宜采用(　　)。

A.钢骨架 PE 管　　B.PE 管　　C.螺旋缝钢管　　D.铸铁管

124.PE 管的材料为聚乙烯高分子材料,埋设后最担心(　　)的变化。

A.湿度　　B.酸碱性　　C.温度　　D.微生物

125.镀锌钢管表面镀锌的作用是(　　)。

A.隔热　　B.警示标志　　C.美观　　D.抗腐蚀

126.PE材料按照国际上统一的标准划分为五个等级，下列用于燃气管道的是(　　)。

A.PE32　　B.PE40　　C.PE63　　D.PE80

127.城市燃气管网中，高压、次高压管道和输气干管一般都选用(　　)。

A.钢管　　B.PE管　　C.铸铁管　　D.镀锌管

128.下列不属于钢管优点的是(　　)。

A.耐腐蚀　　B.强度高

C.承载应力大　　D.抗冲击性和严密性好

129.按照原理和结构的不同，一般地，可以将阀门分为闸阀、截止阀、旋塞周、球阀、隔膜闷、止回阀、节流阀、调压阀等数种，其中球阀类型代号是(　　)。

A.G　　B.Z　　C.L　　D.Q

130.阀门型号通常表示有7个单元，如Z543H-16C，其中Z表示(　　)。

A.止回阀　　B.蝶阀　　C.闸阀　　D.球阀

131.凝水缸必须按现场实际情况，安装在所在管段的(　　)。

A.最高处　　B.最低处　　C.中间水平位置　　D.什么位置都可以

132.镀锌钢管宜用(　　)切割。

A.机械方法　　B.火焰刀　　C.电焊　　D.氩弧焊

133.用于安装管道、设备时找平用的尺子为(　　)。

A.水平尺　　B.钢卷尺　　C.钢直尺　　D.直角尺

134.法兰间必须加密封垫，输送天然气时宜用(　　)。

A.石棉胶垫　　B.耐油橡胶垫　　C.都可以　　D.都不可以

135.燃气引入管宜设在(　　)。

A.通风机房　　B.进风道　　C.外走廊　　D.垃圾道

136.胶管的使用年限不应超过(　　)个月。

A.18　　B.12

C.6　　D.无所谓，坏了才换

137.燃气胶管的长度一般不得超过(　　)m。

A.1　　B.2　　C.3　　D.根据实际长度

138.燃气管道气密性检查可选用(　　)。

A.明火查漏　　B.刷肥皂水　　C.闻味法　　D.目测法

139.沟槽回填距管顶(　　)m以内的沟槽回填时，回填土中不得有碎石、砖块等杂物，不得用冻土回填。

A. 0.2　　B.0.5　　C.1　　D.无所谓

140.槽、坑、沟、边(　　)m范围内不得堆土。

A.2　　B.1.5　　C.1　　D.无所谓

141.天然气管架空敷设时，经常采用冷缠聚乙烯胶黏带，既形成绝缘防腐层，又形成隔热保温层，但须在最外层包裹一层金属锡箔，金属锡箔作用是(　　)。

A.阻挡和反射紫外线　　B.绝缘

C.美观　　　　　　　　　　　D.防水

142.下列不属于牺牲阳极一般常用的材料有(　　)。

A.铝　　　　B.镁　　　　C.锌　　　　D.铁

143. 燃气管道采用螺纹连接时,其密封材料是(　　)。

A.丁腈橡胶圈　　　　　　　　B.聚四氟乙烯胶带

C.耐油石棉橡胶圈　　　　　　D.聚乙烯胶带

144. 燃气管道置换顺序应该是(　　)。

A.支管 — 干管 — 户内管　　　B.支管 — 户内管 — 干管

C.户内管 — 支管 — 干管　　　D.干管 — 支管 — 户内管

145. 如在室内发现天然气气味,应立即(　　)。

A.打电话报警或通知燃气公司　　B.打开油烟机

C.打开门窗　　　　　　　　　　D.用湿毛巾捂住呼吸

146.安装室内燃气表时,与灶具的水平投影间距不得小于(　　)cm。

A.10　　　　B.20　　　　C.30　　　　D.40

147.燃气管道(　　)敷设在卧室、浴室、卫生间、地下室和封闭的阁楼内。

A.不得　　　　B.可以　　　　C.任意　　　　D.允许

148.当管道内燃气的压力不同时,对管道的材质、安装质量、检验标准和运行管理的要求(　　)。

A.相同　　　　B.也不同　　　　C.无限制　　　　D.无标准

149. 一般情况下,进入用户家中进行安装工作时,首要的安全工作是(　　)。

A.气密测试　　　　　　　　　　B.检查燃气用具

C.打开门窗使空气流通、杜绝火种　D.切断水、电及燃气供应

150.阴极保护系统的运行原理是(　　)。

A.牺牲阳极　　　　　　　　　　B.牺牲阴极

C.向阳极结构提供电子　　　　　D.都不是

151.地上燃气管道的警示环颜色一般为(　　)。

A.黑色　　　　　　　　　　　　B.黄色

C.白色　　　　　　　　　　　　D.与建筑物外墙颜色一致

二、多项选择题

1.天然气的来源主要有(　　)。

A.油田伴生气　　　　B.干气田气　　　　C.水煤气

D.焦炉气　　　　　　E.矿井气

2.人工煤气的来源主要有(　　)。

A.干馏气　　　　　　B.气化气　　　　　C.矿井气

D.油制气　　　　　　E.气田气

3.城市燃气通常是由(　　)组成。

A.单一成分气体

B.几种可燃气体

C.一种可燃气体和几种非可燃气体

D.几种可燃气体和几种非可燃气体

E.几种非可燃气体

4.液化石油气作为城市燃气的优点有(　　)。

A.供应形式灵活　　B.设备简单　　C.比空气重,易沉积在低处

D.露点高,易液化　　E.热值较高

5.以下单位属于压力单位的有(　　)。

A. bar　　B.mm 水柱　　C.MPa

D.atm　　E.kgf/cm^2

6.以下属于温度单位的有(　　)。

A.K　　B.L　　C.t

D.℃　　E.F

7.描述气体的基本状态参数是(　　)。

A.温度　　B.压力　　C.热值

D.体积　　E.露点

8.下列关于相对密度的叙述,正确的是(　　)。

A.气体物质的相对密度为该物质的密度与标准状态下空气密度的比值

B.气体物质的相对密度为该物质的密度与常温常压下空气密度的比值

C.液体体物质的相对密度为该物质的密度与 0 ℃的纯净水密度的比值

D.液体体物质的相对密度为该物质的密度与 4 ℃的纯净水密度的比值

E.固体体物质的相对密度为该物质的密度与 0 ℃的纯净水密度的比值

9.通常情况下,将液化石油气液化的方法有(　　)。

A.降温　　B.降压　　C.降温并降压

D.升压　　E.降温并升压

10.将来使用的天然气比目前的液化石油气安全,主要是因为天然气(　　)。

A.燃烧更加完全　　B.燃烧产生的二氧化碳更少

C.密度比空气小　　D.爆炸极限下限较高

E.不会产生一氧化碳

11.选择城镇燃气管网系统时,应该考虑的主要因素是(　　)。

A.气源情况　　B.城市规划　　C.城市地理条件

D.管道投资金额　　E.储气设备类型

12.城镇燃气管道包括以下(　　)部分。

A.长距离管线　　B.分配管线　　C.用户引入管

D.架空管线　　E.室内燃气管道

13.钢管按照制造方法可分为(　　)。

A.镀锌钢管　　B.无缝钢管　　C.焊接钢管

D.直缝卷焊钢管　　E.加厚钢管

14.燃气埋地钢管防腐涂层等级应根据(　　)确定。

A.土壤的腐蚀等级　　B.管道长度　　C.管道材质
D.环境因素　　E.人员操作水平

15.只有符合(　　)的 PE 管方可允许进行热熔对接。

A.材质相同　　B.外径相同　　C.SDR 相同
D.颜色相同　　E.温度相同

16.(　　)管件用于管道分支并且进出口同一口径。

A.等径三通　　B.异径管　　C.等径弯头
D.等径四通　　E.异径弯头

17.钢管出厂时附有的出厂合格证书上应注明(　　)。

A.管长　　B.管径　　C.钢号
D.管厚　　E.水压试验

18.关于引入管说法正确的是(　　)。

A.聚乙烯燃气引入管与钢管的转换应采用钢塑转换接头
B.钢塑转换应先进行 PE 管端的电熔连接
C.套管内的钢管采用聚乙烯热收缩套防腐
D.转换接头钢制端采用牛油胶布和 PVC 外带进行防腐
E.套管端口 50 mm 用中性密封胶封口

19.家用燃气流量表安装时需考虑的因素包括(　　)。

A.安装高度　　B.表后离墙的距离　　C.离灶具的距离
D.离室内屋顶的距离　　E.燃气的进出方向

20.目前中压燃气管道及设备的连接方式有(　　)等。

A.焊接　　B.丝扣连接　　C.承插连接
D.法兰连接　　E.热熔连接

21.目前地下燃气管道防腐方法有(　　)等。

A.环氧粉末防腐涂层　　B.热收缩套　　C.牺牲阳极法阴极保护
D.电化学保护　　E.生物方法保护

22.关于低压燃气管道穿墙入户,说法正确的有(　　)。

A.需设套管
B.主管道需用热收缩套进行防腐处理,且热收缩套边缘应与墙面平齐
C.套管与主管道间需用中性建筑胶密封
D.主管道需用热收缩套进行防腐处理,且热收缩套边缘应突出墙面 10 mm
E.套管与主管道间需用白水泥密封

23.对申请开通用气的居民用户,凡属下列情况之一者应不予通气,同时发出隐患整改通知书,直至用户整改合格后方可通气(　　)。

A.用户私自改管
B.燃气用具未安装到位
C.管道系统漏气
D.浴室内使用非密闭式热水器

E.厨房内使用台式灶具

24.地下燃气管线巡查允许采用(　　)等方式巡查,但机动车最高时速不得超过 20 km。

A.摩托车　　B.汽车　　C.自行车

D.步行　　E.以上都可以

25.地下燃气管线巡查主要采用(　　)等方式进行。

A.目视

B.在管道上方打孔检测

C.使用 ppm 级浓度检测仪检测

D.嗅觉

E.询问

26.对地下燃气设施的巡查主要是指对(　　)等设施的巡查。

A.流量表箱　　B.调压器的出口压力　　C.阀门(井)

D.凝水器　　E.放散阀

27.(　　)等工具为地下燃气设施巡查的常用工具。

A.井盖钩　　B.阀门操作杆　　C.肥皂水

D.套丝机　　E.发电机

28.对燃气用户进行的入户检查应包括(　　)内容。

A.有无燃气泄漏

B.燃气流量表计量是否正常

C.灶前压力是否正常

D.管线标志桩有无下沉松动、被埋、丢失等现象

E.确认用户设施有无人为碰撞、损坏

29.用户计量装置严禁安装在(　　)场所。

A.厨房　　B.卧室　　C.浴室

D.阳台　　E.危险品、易燃品堆存处

30.抢险车辆的配置及使用应符合(　　)要求。

A.抢险车辆必须配置基本抢险工具

B.抢险车辆有专人负责管理,不得挪作他用

C.抢险车辆应有醒目的警示标识

D.紧急情况时抢险车辆可以闯红灯

E.紧急情况时抢险车辆可以逆行

31. 常用的钢管管件有以下几种(　　)。

A.弯头　　B.三通　　C.活接

D.内外螺纹管接头　　E.钻头

32.埋地燃气钢管腐蚀的原因主要是(　　)。

A.电化学腐蚀　　B.杂散电流对钢管的腐蚀

C.自然腐蚀　　D.细菌作用引起的腐蚀

E.过氧腐蚀

33.聚乙烯(PE)管的基本特性有(　　)。

A.使用寿命长　　B.具有优良的耐化学腐蚀性能

C.具有良好的综合性能　　D.具有优越的经济性

E.施工工程费用高

34.聚乙烯(PE)管材国际上目前分为以下系列(　　)。

A.SDR10　　B.SDR11　　C.SDR13

D.SDR17.6　　E.SDR18.6

35.焦炉煤气的主要成分是(　　)。

A.CH_4　　B.H_2　　C.CO

D.C_3H_6　　E.C_4H_8

36.燃气的种类主要有(　　)。

A.液化石油气　　B.天然气　　C.煤矿矿井气(瓦斯)

D.人工煤气　　E.沼气

37.一氧化碳(CO)为不完全燃烧产物,它是一种(　　)的气体。

A.有强烈毒性　　B.无色无味　　C.有弱酸性味

D.难溶于水　　E.有臭皮蛋味

38.液化石油气的优点在于(　　)。

A.投资小、见效快　　B.热值高　　C.无毒

D.易燃易爆　　E.供应形式灵活

39.物体燃烧的特征有(　　)。

A.放热　　B.火焰　　C.发光

D.发烟　　E.特殊的氧化还原反应

40.油制气是利用石油产品作为原料,经过(　　)制作工艺获得人工煤气的。

A.重油蓄热热裂解　　B.加吸附剂吸附　　C.重油蓄热催化裂解

D.加水蒸气　　E.水蒸气和空气

41.天然气的加臭剂为(　　)。

A.二氯化硫　　B.硫醇　　C.硫化物配剂

D.硫化氢　　E.硫醚

42.燃气的参数是通过(　　)来反映的。

A.体积　　B.面积　　C.温度

D.装置　　E.压力

43.管道输送的液化石油气可以与(　　)掺混供气。

A.煤气　　B.空气　　C.化肥厂排放的空气

D.水蒸气　　E.天然气

44.天然气按烃含量分类有(　　)。

A.干气、湿气　　B.富气、贫气　　C.酸性天然气

D.洁气(净气)　　E.油井天然气、油气井天然气

45.天然气的主要来源有(　　)。

A.从气井开采出来的气田气

B.将煤在隔绝空气条件下加热到一定温度,从煤中挥发出的可燃气

C.重油或轻油经高温裂解制得的可燃气

D.伴随石油一起开采出的石油伴生气

E.加工原油过程中所产生的副产气体

46.操作工的“四懂”是指(　　)。

A.懂构造　　B.懂原理　　C.懂性能

D.懂操作　　E.懂理论

47.操作工的“三会”是指(　　)。

A.会操作　　B.会维修保养　　C.会排除故障

D.会培训　　E.会保护自己

48.在燃气管道拆除中可能存在的危险因素有(　　)。

A.管道中存有余气　　B.作业场所中有可燃气体

C.产生静电积累　　D.管道上游阀门未关闭

E.周围环境温度过高

49.夜间作业可采取的安全措施包括(　　)。

A.适当的照度　　B.控制眩光　　C.帽用安全灯

D.增加夜间醒目标识　　E.以上全不是

50.下列属于电器火灾灭火器的是(　　)。

A.干粉灭火器　　B.一氧化碳灭火器　　C.泡沫灭火器

D.七氟丙烷　　E.以上全是

51.某车辆驾驶人对于在道路上发生交通事故时,下述理解中正确的是(　　)。

A.立即停车,任何情况下不得逃逸

B.抢救受伤人员,任何情况下不得延误

C.保护现场,任何情况下不得变动,等待公安交通管理部门勘查

D.迅速报告执勤交通警察,任何情况下不得拖延

E.以上全是

52.消防水泵机组被烧毁,原因可能是(　　)。

A.冷却水不足,轴瓦过热　　B.违章操作　　C.泵维修质量不高

D.电压过高或过低　　E.以上全不是

53.属于安全标志的类型有(　　)。

A.禁止标志　　B.指令标志　　C.警告标志

D.提示标志　　E.以上全不是

54.驾驶时,驾驶员在车内不可以(　　)。

A.打手提电话　　B.听收音机　　C.看报纸

D.抽烟　　E.以上全是

55.交通信号包括(　　)和交通警察的指挥。

A.交通标志　　B.交通信号灯　　C.交通标线

D.交通车　　E.以上全不是

56.常用管道沟槽断面有直槽、梯形槽、混合槽和联合槽四种形式。沟槽断面的形式,通常应考虑(　　)和管材类别、管子直径、施工方法等因素。

A.土壤性质　　B.地下水状况　　C.施工作业面宽窄

D.气候条件　　E.沟槽深度

57.无须管材防腐绝缘层处理,可作为本市埋地燃气管道的管材有(　　)。

A.外镀锌钢管　　B.PE80 SDR11 聚乙烯管

C.PEl00 SDR17.6 聚乙烯管　　D.无缝钢管

E.PE 包覆管

58.动火作业等级划分依据是(　　)。

A.动火的区域　　B.带气管径　　C.新管管径

D.作业审批人　　E.作业申请人

59. 抢修工程的资料应包括下列内容(　　)。

A.事故的社会影响　　B.动火申报批准书　　C.工程质量鉴定记录

D.事故类别　　E.参加抢修人员

60. 城市燃气供应方式有(　　)。

A.管道燃气　　B.石脑油　　C.柴油

D.重油　　E.瓶装燃气

61.进入燃气阀井作业,应符合下列规定(　　)。

A.检漏　　B.穿戴防护用具　　C.采取防爆措施

D.使用防爆工具　　E.单人作业

62.下列属于地下燃气管道通气作业准备工作的有(　　)。

A.核对管线及设施　　B.确认设施完好　　C.安装上游盲板

D.准备防爆工具　　E.选择放散地点

63.地下燃气管道泄漏检查方法有(　　)。

A.钻孔检漏　　B.井室检查　　C.植物生态观察

D.夜间使用明火　　E.探测仪检漏

64.带气动火作业应符合下列规定(　　)。

A.平衡管道电位　　B.配备消防器材

C.采取防爆措施　　D.管内压力宜控制在 500~800 Pa 范围内

E.燃气浓度实时监测

65. 法兰的尺寸由(　　)构成。

A.公称直径　　B.连接尺寸　　C.结构尺寸

D.外形尺寸　　E.壁厚

66. 钢制燃气管道的连接方式有(　　)。

A.焊接　　B.承插连接　　C.法兰连接

D.热熔连接　　E.螺纹连接

67.钢制燃气管道的腐蚀包括(　　)。

A.化学腐蚀　　B.电化学腐蚀　　C.生物腐蚀

D.杂散电流腐蚀　　E.微生物腐蚀

68.以下属于安全生产责任事故处理“四不放过”原则的是(　　)。

A.事故原因未查清不放过

B.责任人员未处理不放过

C.未对单位进行经济处罚不放过

D.整改措施未落实不放过

E.事故责任人和周围群众没有受到教育不放过

69.室内燃气管道宜选用钢管,也可选用(　　)。

A.PE 管　　B.不锈钢管　　C.铝塑复合管

D.连接用软管　　E.PVC 管

70.燃气用户的煤气表严禁安装在下列场所(　　)。

A.卧室、卫生间及更衣室内

B.有电源、电器开关及其他电器设备的管道井内,或有可能滞留泄漏燃气的隐蔽场所

C.经常潮湿的地方

D.堆易燃易爆、易腐蚀或有放射性物质等危险的地方

E.厨房

71.地下燃气管道埋设的最小覆土厚度(路面正管顶)的要求是(　　)。

A.埋设在车行道下时,不得小于 0.9 m

B.埋设在非车行道下时,不得小于 0.6 m

C.埋设在庭院内时,不得小于 0.3 m

D.埋设在铁路下时,不得小于 2 m

E.埋设在建筑物下时,不得小于 1 m

72.地下燃气管道地面标志(桩)应该设置的位置是(　　)。

A.管道转弯处　　B.管道三通、四通处　　C.管线的终点

D.管线的起点　　E.地面设有其他标志的地方

73.下列管材(　　)可用于中压燃气管道的敷设。

A.铸铁管　　B.PE 管　　C.钢管

D.铝塑复合管　　E.PVC 管

74.下列属于聚乙烯管基本特性的是(　　)。

A.优良的耐化学腐蚀性能　　B.优越的经济性　　C.施工方便

D.使用寿命较短　　E.耐热性好

75.管道安装完毕后应进行(　　)。

A.强度试验　　B.严密性试验　　C.管道吹扫

D.吹扫试验　　E.泄漏试验

76.城镇燃气管网按照用途可以分(　　)两种。

A.架空　　B.埋地

C.环状　　　　　　　　D.枝状

77.燃气管道水下穿越河流敷设的方式有(　　)

A.埋管敷设　　　　　　B.裸管敷设

C.顶管敷设　　　　　　D.悬空敷设

78.连接城市低压燃气管道的建筑燃气供应系统由(　　)、用具连接管和燃气用具组成。

A.用户引入管　　　　　B.立管　　　　　　　C.水平干管

D.用户支管　　　　　　E.燃气计量表

79.在日常燃气使用中,描述错误的是(　　)。

A.对室内燃气管道系统各部件要经常检查是否完好无损、发生锈蚀

B.在临睡、外出前和使用后,关闭灶前阀和灶具开关,以防燃气泄漏

C.在燃气管道上拉绳或悬挂物品,方便使用

D.怀疑室内燃气设施发生泄漏时,可通过点火方式进行检测

E.打开窗户通风

80.燃气应急预案应当明确(　　)等内容。

A.燃气应急气源和种类　B.应急供应方式　　　C.应急处置程序

D.应急救援措施　　　　E.事故损失赔偿

81.下列属于影响燃气设施安全的隐患的是(　　)。

A.在燃气设施安全保护范围内擅自施工作业

B.在燃气泄漏环境里使用明火

C.在燃气管道上方搭建建筑物

D.将燃气设施封闭遮挡

E.攀爬燃气管

82.如果怀疑或察觉室内燃气泄漏,以下正确的做法是(　　)。

A.到室外拨打燃气经营单位的电话

B.开启门窗通风

C.关闭室内燃气阀门

D.开启油烟机,增强通风

E.点火查出漏气点,然后维修好

83.燃气管道泄露检查方法有(　　)。

A.钻孔查漏　　　　　　B.挖深坑　　　　　　C.植物生态观察

D.检漏仪检漏　　　　　E.排水器检查　　　　F.开挖捡漏

84.下面(　　)是静电防护的有效方法。

A.导体接地　　　　　　B.绝缘体接地　　　　C.增加空气湿度

D.静电中和　　　　　　E.以上都是

85.室内燃气管道不得敷设在(　　)。

A.厨房　　　　　　　　B.阳台　　　　　　　C.配电间

D.烟道　　　　　　　　E.进风口

86.查找燃气是否泄漏的方法有(　　)。

A.肥皂液涂刷　B.压力表气密性试压　C.燃气泄漏检测仪检测

D.明火查漏　E.眼看、耳听、手摸、鼻闻

87.钢制燃气管道的电保护法有(　　)。

A.阴极保护法　B.外加电源保护法　C.牺牲阳极保护法

D.排流保护法　E.牺牲阴极保护法

88.燃气管道的清洗方法有(　　)。

A.分段吹扫　B.溶剂清洗　C.钢丝刷清洗

D.清管球法　E.人工清洗

89.钢管除锈方法有(　　)。

A.人工除锈　B.机械除锈　C.电化学除锈

D.化学除锈　E.高温除锈

90.套丝机的作用有(　　)。

A.管道套丝　B.管道切割　C.管道与管件连接

D.管子外口倒角　E.管子内口倒角

91.燃气管道的吹扫与试压描述正确的是(　　)。

A.试压前进行外观检查　B.先吹扫,后试压　C.先覆土,后强度试压

D.先覆土,后气密性试压　E.先强度试压,后气密性试压

92.消除绝缘体上的静电可用下列(　　)方法。

A.接地　B.增加空气湿度　C.静电中和

D.降低电阻率　E.掌握静电序列规律

93.下列(　　)防爆电气可用于1级气体爆炸危险场所。

A.隔爆型　B.增安型　C.本质安全型

D.防爆特殊型　E.正压型

94.用户家液化气泄漏,抢修人员上门时,下面做法错误的是(　　)。

A.进门前敲门　B.进门前按门铃　C.去之前打电话预约

D.打开抽油烟机　E.开窗通风

95.下列影响触电后果的因素是(　　)。

A.通入人体电流的大小　B.电流通入人体的时间

C.触电的方式　D.电源的频率

E.通入人体电流的途径

96.电气故障造成温度升高的原因有(　　)。

A.接触不良　B.短路　C.过负荷或缺相运行

D.雷击　E.静电放电

97.人体触电的方式有(　　)。

A.两线触电　B.单线触电　C.直接触电

D.间接触电　E.接触电压和跨步电压触电

98.五处爆炸危险场所的防静电接地电阻值不合格的是(　　)。

A.1 Ω　　B.4 Ω　　C.10 Ω
D.300 Ω　　E.200 Ω

99.人体通过(　　)的交流电是安全的。

A.15 mA　　B.20 mA　　C.30 mA
D.40 mA　　E.50 mA

100.在人体上加(　　)的 50 Hz 交流电是安全的。

A.12 V　　B.24 V　　C.30 V
D.36 V　　E.50 V

三、判断题

1.人工煤气,顾名思义,只能用煤炭制造得到的燃气。(　　)

2.天然气的长输是在高压条件下进行的。(　　)

3.液化石油气的运输和储存是在气态条件下进行的。(　　)

4.液化石油气可用铁路、汽车罐车、轮船船舱运输及管道输送。(　　)

5.质量与重量是一样的。(　　)

6.液化石油气是易燃易爆物品,在生产、储存和使用的场所应严格做好安全管理。(　　)

7.任意浓度的可燃气体与空气的混合物都会着火或爆炸。(　　)

8.天然气是最优质的燃气,因此单位质量的天然气燃烧放出的热量在燃气中最大。(　　)

9.天然气、液化石油气本身不含一氧化碳,但其燃烧产物中可能含有一氧化碳成分。(　　)

10.完全燃烧是指燃气中可燃气体全部完成燃烧反应的燃烧。(　　)

11.不完全燃烧是指燃气中可燃气体未能全部完成燃烧反应的燃烧。(　　)

12.液化石油气气体的密度随着温度和压力的不同而发生变化。(　　)

13.天然气的组分以 H_2、CO 为主。(　　)

14.任何一种液体只在一定的温度和压力下才能沸腾,这个温度叫作液体的沸点。(　　)

15.液化石油气的液态密度随温度的升高而降低。(　　)

16.燃气开始燃烧时的最低温度称为着火点。(　　)

17.天然气采出后需经降压、分离、净化(脱硫、脱水)才能作为城市燃气的气源。(　　)

18.充有液化石油气钢瓶的压力与温度有关。(　　)

19.液化石油气的饱和蒸气压随温度升高而升高。(　　)

20.燃气的爆炸浓度极限与燃气的温度无关。(　　)

21.烷烃和烯烃分子中碳元子的数量越多,沸点越高。(　　)

22.液化石油气在常温常压下呈液态,当压力升高或温度降低时,很容易转变成气态。(　　)

23.不同组分的燃气在相同温度下饱和蒸气压相同。(　　)

24.压力容器(钢瓶)内装的液化石油气是气液共存的。 (　　)

25.露点是饱和蒸气经冷却或加压,遇到接触面或凝块核便液化成露时的温度。

(　　)

26.天然气的主要成分是甲烷,大多数还含有一定量的乙烷。 (　　)

27.静电的主要危害是引起爆炸和火灾。 (　　)

28.液化石油气无臭、无毒,是能够完全燃烧的碳氢化合物。 (　　)

29.燃气完全燃烧后所产生的烟气全部为不可燃气体。 (　　)

30.我们平时说管道液化石油气用户灶前压力为2 800 Pa,这个压力是绝对压力。

(　　)

31.液化石油气可以用普通橡胶管输送。 (　　)

33.工程换算中,100 mm 水柱约相当于1 bar。 (　　)

34.天然气的密度比空气小,泄漏后可以飘散,所以绝对安全。 (　　)

35.使用液化石油气,通风口应设在库房上部。 (　　)

36.一般来说,同一可燃气体的低发热值总是小于或等于它的高发热值。 (　　)

37.增加空气湿度是导体防静电的重要措施之一。 (　　)

38.天然气的热值比液化石油气的热值高。 (　　)

39.燃气浓度只有在爆炸极限范围内才能爆炸。 (　　)

40.液化气是指液化石油气。 (　　)

41.单位体积的天然气中所含水蒸气的质量称为天然气的含水量。 (　　)

42.天然气饱和状态时的含水量称为天然气的饱和含水量。 (　　)

43.液化石油气的运输和储存是在气态条件下进行的。 (　　)

44.人工煤气是指以重油为主要原料制取的可燃气体。 (　　)

45.液化石油气各成分的蒸气压随温度的升高而降低。 (　　)

46.加臭剂的最小量应符合当天然气泄漏到空气中,达到爆炸下限20%浓度时,应能察觉。 (　　)

47.在温度一定时,一定量气体的体积与压力成正比。 (　　)

48.燃气与空气混合在密闭的房间或容器内,一碰到火源,就会引起爆炸。 (　　)

49.石油气钢瓶内的压力越大,说明钢瓶内的石油气越多。 (　　)

50.黏度表示气体流动的难易程度。 (　　)

51.液化石油气液态密度受温度影响较大,温度上升密度变大,同时体积膨胀。

(　　)

52.天然气的主要成分是甲烷及其他烃类,一般情况下甲烷的含量不少于90%。

(　　)

53.液化石油气在常温常压下呈气态,当压力升高或温度降低时,很容易转变成气态。

(　　)

54.天然气水露点温度是指在一定压力下天然气中,水汽开始冷凝结露的温度。

(　　)

55.天然气密度不仅取决于天然气的组分,还取决于所处的压力和温度状态。(　　)

56.雷电和电容器残留电荷,也属静电。 ( )

57.只要停止摩擦运动,静电就会逐渐消散。 ( )

58.人体通过 20 mA 的交流电是安全的。 ( )

59.我国规定适用于一般环境的安全电压为 36 V。 ( )

60.接地是绝缘体防静电的重要措施之一。 ( )

61.天面燃气管道应每隔 30 m 用 F10 圆钢与防雷网跨接一次。 ( )

62.铜管与球阀等连接时,可直接用内螺纹直通连接。 ( )

63.燃气管道垂直交叉敷设时,小管应置于大管外侧。 ( )

64.进入调压室、阀室和检查井等燃气设施场所前,应先检查有无燃气泄漏,在确认安全后方可进入。 ( )

65.高压燃气管道安全保护范围为 6 m。 ( )

66.采用机动车的方式巡查时,机动车最高时速不得超过 30 km。 ( )

67.用户燃气设施和器具的维护与检修必须由供气单位技术人员进行。 ( )

68.用户办理完开户手续后可以自行通气点火。 ( )

69.地下燃气管道通气作业过程,当放散口位于居民住宅下风向时的最小间距为 10 m。 ( )

70.中压燃气管道在输送天然气时,其运行压力为 0.07 MPa。 ( )

71.地上燃气管道通气作业过程中,用氮气试压和置换时,氮气系统出口压力不应超过 0.3 MPa。 ( )

72.地下燃气管道从排水沟(管)及其他用途沟槽内穿过时,应将燃气管道敷设在套管内。 ( )

73.如牺牲阳极的保护电位为-0.5 V,则管道处在保护范围内。 ( )

74.阴极保护系统保护电位的测试周期为一年,对电位变化较快的测试点,其测试周期应缩短为半年。 ( )

75.应用 SCADA 系统,可远程控制阀门开启或关闭。 ( )

76.调压站与门站功能不同的是调压站不具备加臭的功能。 ( )

77.管线巡查时进行燃气浓度探测时,发现漏气及安全隐患必须立即上报。 ( )

78.当城市天然气门站进出站压力突然降低,而且进站压力下降速率大于出站压力下降速率,则为进站前管道发生爆管或大量泄漏。 ( )

79.管线防腐层破损点检测周期为每年一次,新投运管道可在供气两年后进行该项检测。 ( )

80.因高压天然气经过减压后,温度会降低,因此一般在调压器导压管上设伴热带加热管道内天然气。 ( )

81.在无地下水的天然湿度黏土中开挖沟槽时,如果沟深小于 1.5 m,则沟壁可不设边坡。 ( )

82.无论是人工开挖沟槽还是机械开挖沟槽,槽底都要预留一定的土层,管道安装前应人工清底。 ( )

83.聚乙烯燃气管道严禁用作室内地上管道,只作埋地管道使用。 ( )

84.地下燃气管道只要在沟底标高检查合格后,就可填砂、安装。 ( )

85.额定流量为40 m^3/h 的燃气计量表,采用高位安装时,表底距室内地面不宜小于1.4 m,并应加表托固定。 ( )

86.埋地燃气管道(钢管)的防腐办法只有防腐涂层一种。 ( )

87.埋地燃气管道(钢管)的防腐可采用牺牲阳极保护法。 ( )

88.燃气管道随桥敷设时,对管道应做较高等级的防腐保护。 ( )

89.燃气管道安装完毕后,均应进行试验,钢管道在试验后还应进行吹扫。 ( )

90.燃气管道气密性试验时,无论采用哪一精度等级的压力表,只要压力计的初始和结束的读数一致,就表明试验结果为合格。 ( )

91.焊缝除有特殊要求外,应在焊完后立即去除渣皮、飞溅物,清理干净焊缝表面,然后进行焊缝外观检查。 ( )

92.燃气管道进行探伤检验时,检验的位置由施工单位指定。 ( )

93.阴极保护系统保护电位测试时,应将参比电极插在距管道尽可能近的土壤中,插入深度约3cm,并且不可插在石板、瓦砾处。 ( )

94.燃气置换作业放散口设置时,放散口上方不得有电线、电缆等设施或其他易被引燃物(如树枝等)。 ( )

95.在市政道路总体规划时,通常将燃气管道与电力电缆沟(强电)布置在同一侧。 ( )

96.地下燃气管道燃气浓度检测每年进行两次,宜分别安排在春节及国庆节前完成。 ( )

97.通过钻孔进行燃气浓度检测时,钻孔位置应沿管线走向蛇形分布,深度应尽可能深,以及时发现泄漏。 ( )

98.在未设阴极保护测试井(桩)的路段,可以选择合适的放散管或凝水器作为检测点。 ( )

99.燃气管道与其他非保护管道或地下金属构筑物接触是阴保系统管线达不到保护状态的主要原因之一。 ( )

100.居民用户浴室内可以使用直排式热水器,只需适当注意通风。 ( )

101.对暗封的燃气胶管应建议用户设金属套管保护,以防鼠咬。 ( )

102.地下中压燃气管道的放散阀不可以用来作为天然气分区的隔离阀。 ( )

103.管道燃气用户使用的燃具应为《燃器具销售目录》内的产品,不一定具有合格证。 ( )

104.对地下燃气管道进行的日常巡查,不可以用摩托车作为交通工具代步。 ( )

105.接驳作业应在主管线降压或采取有效的临时堵气措施后实施。 ( )

106.施工单位应在动火作业前制订可行的动火方案和安全措施,提前一天办理好有关动火、动焊作业审批手续。 ( )

107.到达作业现场后,应根据燃气泄漏程度确定警戒区并设立警示标志,无关人员可以入内。 ( )

108.凡经批准的动火作业,应按动火作业方案认真落实安全防火措施。 ( )

109.进入阀门井前,应先检查有无燃气泄漏,在确认后方可进入,穿戴防护用具、系好安全带,作业人员应独立操作。 ( )

110.新投产的地上中压燃气管线系统应采用直接置换法进行置换。 ( )

111.装有燃气设施的厨房可以住人,但必须注意安全。 ( )

112.在燃气管道的设计、施工中,根据不同的压力级别,对管道的材质、连接方式、施工及检验标准都必须有相同的要求。 ( )

113.检查室内燃气管网是否泄漏的有效方法是用明火。 ( )

114.我国目前在燃气管道上所应用的管道材质主要有铸铁管、钢管和塑料管。

( )

115.燃气管道在穿越铁路、公路干道、电车轨道时不一定加套管。 ( )

116.使用燃气的厨房不允许与炉火并用,也不允许有其他火源。 ( )

117.管道工常用的机具有管子套丝板、套丝机、弯管机。套丝时,一般分 2~3 次套成,也可 1 次套成,在套丝过程中应经常加油冷却。 ( )

118.管道试压的目的是检查管道系统的强度和严密性是否达到设计要求,也是对管道支架及基础的考验。 ( )

119.燃气管道不得在地下穿过房屋或其他建筑物,可平行敷设在有轨电车轨道之下,也可与其他地下设施上下并置。( )

120.煤气管道一般可敷设在厨房、楼梯间及卫生间内。 ( )

121.在日常设备维修中的“四会”指的是会使用、会维修、会检查、会排除故障。

( )

122.在管道施工过程中,受温度、压力、冲击及其他意外的机械作用,会使绝缘层遭受破坏。 ( )

123.Φ 89×4.5 即表示外径为 89 mm、壁厚为 4.5 mm 的管道。 ( )

124.不准装燃气管道的地方有的可以装燃气表。 ( )

125.钢管的防腐主要采用绝缘层防腐法和电保护防腐法。 ( )

126.人工清挖槽底时,应认真挖到槽底标高和宽度,并注意不使槽底土壤结构遭受扰动或破坏。 ( )

127.焊口可自然冷却,也可浇水冷却。 ( )

128.套丝机具备切断镀锌管的功能。 ( )

129. *DN*90 以上的 PE 管一般采用电熔连接。 ( )

130.低压管网输气工程中可使用聚乙烯管。 ( )

131.燃气立管不得敷设在卧室或卫生间内。立管穿过通风不良的吊顶时,应设在套管内。 ( )

132.安装燃气灶的房间不宜低于 2.2 m。 ( )

133.燃气公司巡检人员巡线时只需要对阀门井内使用燃气检漏仪检查是否有漏气。

( )

134.室内燃气管道可以敷设在卧室、浴室内。 ( )

135.凝水器护盖、排水装置应定期检漏,应无泄漏、腐蚀和堵塞,无妨碍排水作业的堆

积物。 (　　)

136. PE 管应紧贴管顶设金属示踪线和警示带。 (　　)

137. 管道两侧及管顶以上 0.5 m 内的回填土，不得含有碎石、砖块等杂物，且不得用灰土回填。 (　　)

138. 凝水器排出的污水可以就近排放到市政污水井内。 (　　)

139.凡螺纹连接两端都受约束的设备，需在一端加活接头。 (　　)

140.地下中压燃气管道强度试验介质为水。 (　　)

141.地上中压燃气管道气密性试验介质为压缩空气。 (　　)

142.进行中压燃气管道强度试压，如不漏气，压力表读数不下降，目测无变形为合格。 (　　)

143.无缝钢管外观要求无麻面、凹陷、松皮、裂纹、砂眼。 (　　)

144.安装管码时，可采用榔敲，也可用管钳敲。 (　　)

145.镀锌钢管套完丝后，空旋上管件能入 2~3 丝扣为宜。 (　　)

146.安装燃气流量表时要注意检查活接头内密封胶圈是否安装，同时要注意流量表进出口方向。 (　　)

147.使用电动套丝机套丝时，可直接用水作电动套丝机的冷却液。 (　　)

148.燃气管道安装完工后，均须进行吹扫后方可进行试压工作。 (　　)

149.设计压力小于 5.0 kPa(低压)的管道，不做强度试验。 (　　)

150.带气焊接作业区 10 m 内不许有易燃易爆的气瓶。 (　　)

151.铸铁管穿越铁路、公路、城市道路处应加设套管。 (　　)

152.胸腔回填土应分层用机械夯实。 (　　)

153.燃气管道吹扫一般采用氯气吹扫。 (　　)

154.带气作业时敲打金属应采用木制工具，防止产生火花。 (　　)

155.检查室内燃气管用是否泄漏的有效方法是用肥皂水。 (　　)

156.在进行气焊作业时，先开氧气点火后再开乙炔气。 (　　)

157.通过截止阀的介质是由高头流进，低头流出。 (　　)

158.波形补偿器安装时，需要用接管器在平地上进行预拉伸(或压缩)，当拉(压)到所需的伸缩量时可等待安装使用。 (　　)

159.人体电阻的大小是影响触电后果的重要物理因素。 (　　)

160.煤气管道丝扣连接时密封可用聚四氟乙烯胶带或白灰漆密封，也可用麻丝密封。 (　　)

161.燃气管道的电保护防腐主要用于城市燃气管网的干线。 (　　)

162.安装燃气管网设施的成品部件，须有制造厂的产品合格证、制造许可证、厂名、商标、材质、规格、制造日期及工作压力等标记。 (　　)

163.单线触电对人体的危害程度与中性点是否接地也有直接关系。 (　　)

164.燃气管道进行压力试验时，由于受打压设备的条件限制，可不做强度试验，只做气密性试验。 (　　)

165.燃气管道的防腐等级是根据压力等级而确定的，压力越高，防腐等级越高。 (　　)

166.安装燃气灶具的房间净高不得低于 2.2 m。 (　　)

167.燃气灶的灶面边缘和烤箱的侧壁距木质家具的净距不应小于 20 cm。 (　　)

168.高中压管道最好不要沿车辆来往频繁的城市主要交通干线敷设。 (　　)

169.地下燃气管道敷设时，其坡度不小于 1%。 (　　)

170.钢管壁厚大于 5 mm 时，焊接接口应打 V 形坡口。 (　　)

171.敷设管道沟槽深度大于 5 m 时应设支撑。 (　　)

172.当空气中的二氧化碳含量达 10%时，人就会出现局部刺激症状。 (　　)

173.灶具的火焰为黄色时，其燃烧状态为最佳。 (　　)

174.单线触电是最危险的。 (　　)

175.使用燃气的厨房不允许与炉火并用，也不允许有其他火源。 (　　)

176.蒸锅灶、开水炉、烤炉必须安有烟囱等排烟装置。 (　　)

177.建筑平面图采用的投影法是斜等测投影法。 (　　)

178.建筑施工图中包含轴测图。 (　　)

179.倾斜于投影面的直线，其投影反映直线的实长。 (　　)

180.平行于投影面的平面，其投影一定为正方形。 (　　)

181.倾斜于投影面的直线，其投影长度一定缩短。 (　　)

182.无缝钢管的规格 D22X3，表示管道的公称直径为 *DN*22。 (　　)

183.管道施工图中在注明的前提下可以自由选择单位。 (　　)

184.圆台不属于基本形体。 (　　)

185.斜等轴测图简单做法中，“横平”的“横”指的是管道在平面图中的位置走向。 (　　)

186.倾斜于投影面的平面，其投影反映平面的实际面积。 (　　)

187.一般位置平面与三个投影面中的一个平行。 (　　)

188.画正等测轴测图时，*OX* 轴与 *OY* 轴可以换位。 (　　)

189.画斜等轴测图时，坐标轴可以向相反方向任意延长。 (　　)

190.管道可以用双线图或者单线图表示。 (　　)

191.房屋建筑平面图就是一栋房屋的水平剖视图。 (　　)

192 剖面图中，剖面线可以转折。 (　　)

193.标注楼标高时，低于室内地坪的标高在数字前加“-”号表示。 (　　)

194.建筑平面图中一般标注绝对标高，以底层地面定为±0.0000。 (　　)

195.管道系统图中设备的位置反映的是它们的确切位置。 (　　)

196.长度相等、直径相同的两根管道叠合在一起，其投影完全重合。 (　　)

197.地下燃气管道图中一般标注的是绝对标高。 (　　)

198.比地平高的燃气管道的标高一定在数字前面加“+”号。 (　　)

199.管道间的转折剖面图，其剖切位置可转折三次以上。 (　　)

200.燃气管道系统图中反映的是管道实长。 (　　)

201.燃气管道系统图的简单画法可以总结为“横平、竖直廓后斜”。（　　）
202.燃气管道纵断面图中,桩号指的就是从起点算起的里程。（　　）
203.使用电动工具时,在电源未有效断开的情况下不得接触转动部分或附件。（　　）
204.使用灭火器时,应尽量站在火点的下风向,便于灭火。（　　）
205.两物体所带电荷性质相同时,两物体相互吸引。（　　）
206.两物体所带电荷性质相反时,两物体相互排斥。（　　）
207.电是由摩擦产生的。（　　）
208.交流电的电流方向和大小都随时间变化。（　　）
209.电压的方向是由低电位指向高电位。（　　）
210.两点间的电位差就叫电压。（　　）
211.电阻率大的物质叫绝缘体。（　　）
212.电阻率小的物质叫导体。（　　）
213.电动机可分为同步电机和异步电机。（　　）
214.交流电动机可分为单相电动机和三相电动机。（　　）
215.电动机是把电能转换为机械能的机械。（　　）
216.管道施工图所表示的绝对标高指的是黄海高程。（　　）
217.温升是指在规定环境温度下(通常为 40 ℃),电机各部分允许达到的最高温度。（　　）
218.三相异步电动机旋转方向不对,任意调换两根电源线即可改变方向。（　　）
219.使用电动工具时,应先轻载或空载启动,再加负载。（　　）
220.工作过程中,电机转速明显减慢,只要没有停就可以继续工作。（　　）
221.各种物质逸出功的不同是产生静电的基础。（　　）
222.摩擦和静电感应是产生静电的主要方法。（　　）

四.简答题

1.引发地下燃气设施事故的主要因素是什么?

2.管网巡查必须带巡查图,其目的是什么?

3.管网巡查应常用的工具主要有哪些?

4.第三方施工对燃气管线可能产生潜在危险,巡查中主要注意哪些方面?

5.巡查中发现施工方已经造成了施工管道破坏,致使燃气泄漏,该如何做出应急反应?

6.地下管线探测的方法主要有哪些?

7.怎样对管线探测仪的接收机进行数据设定?

8.燃气管网泄漏的主要原因是什么?

9.燃气泄漏探测作业的基本流程是什么?

10.地下燃气管道泄漏检查应符合哪些规定?

11.燃气泄漏检测过程中经常可能遇到哪些情况的干扰?

12.在什么情况下,管线探测测量队必须立即采取行动?

13.燃气管网抢修的原则是什么?
14.燃气管网抢修的事故分类有哪些?
15.抢修现场交底人员分工内容主要是什么?
16.管网抢修人员采用什么方法进行现场浓度检测?
17.抢险车辆的现场停放有什么要求?
18.抢修现场对抢修机具摆放有什么要求?
19.在什么情况下必须对事故管段实施降压?
20.抢修作业现场人员如何做好安全防护?
21.简述管道断裂的抢修方法。
22.管道放散点的选择有什么要求?
23.燃气管道阴极保护系统未达到保护状态的主要原因是什么?
24.管道防腐层破损点开挖验证有哪些方法?
25.防腐层破损点检测有哪些方法?
26.埋地燃气钢管防腐层应具备的技术要求和目前的主要品种都有哪些?
27.简述埋地管道施工时间沟槽断面的选择。
28.管道补偿器的作用与安装方法是什么?
29.燃气管道常用的阀门有哪些?
30.入户检查应包括哪些内容?
31.管道防腐涂层定期检测周期应符合哪些规定?
32.地下燃气管泄漏检查有哪些方法?
33.燃气供应单位应对燃气用户设施定期进行检查,对用户进行安全用气的宣传,并应符合哪些规定?
34.钢质管道防腐检测有哪几种方法?
35.管道加工的内容是什么?

《燃气管网工》练习题答案

一.单项选择题

1.C	2.B	3.B	4.B	5.B
6.B	7.A	8.B	9.B	10.A
11.A	12.C	13.B	14.C	15.C
16.B	17.C	18.A	19.D	20.C
21.A	22.B	23.B	24.B	25.B
26.C	27.D	28.B	29.C	30.B
31.C	32.B	33.C	34.D	35.A
36.C	37.C	38.B	39.D	40.D
41.B	42.C	43.B	44.A	45.B

46.C	47.B	48.C	49.D	50.A
51.B	52.D	53.A	54.C	55.B
56.A	57.C	58.D	59.B	60.D
61.B	62.C	63.B	64.A	65.B
66.C	67.D	68.B	69.B	70.C
71.B	72.D	73.B	74.C	75.A
76.D	77.B	78.B	79.B	80.A
81.A	82.A	83.A	84.D	85.C
86.A	87.B	88.B	89.B	90.C
91.A	92.B	93.C	94.B	95.B
96.A	97.C	98.B	99.A	100.C
101.A	102.B	103.C	104.B	105.D
106.C	107.A	108.B	109.C	110.B
111.B	112.B	113.B	114.D	115.B
116.D	117.B	118.A	119.B	120.A
121.D	122.B	123.B	124.C	125.D
126.D	127.A	128.A	129.D	130.C
131.B	132.A	133.A	134.B	135.C
136.A	137.B	138.B	139.B	140.C
141.A	142.D	143.B	144.D	145.C
146.C	147.A	148.B	149.C	150.A
151.B				

二、多项选择题

1.ABE	2.ABD	3.BCD	4.ABE	5.ABCDE
6.ADE	7.ABD	8.AD	9.ADE	10.CD
11.ABCE	12.BCE	13.BC	14.AD	15.ABC
16.AD	17.CE	18.ACDE	19.ABCE	20.ABDE
21.ABC	22.ACD	23.ABCD	24.ABCDE	25.ADE
26.CDE	27.ABC	28.ABCE	29.BCE	30.ABC
31.ABCD	32.ABD	33.ABCD	34.BD	35.ABC
36.ABDE	37.ABD	38.ABCE	39.ABCDE	40.AC
41.BCE	42.ACE	43.ABC	44.ABCDE	45.AD
46.ABCD	47.ABC	48.ABCD	49.ABCD	50.ABD
51.ABD	52.ABCD	53.ABCD	54.ACD	55.ABC
56.ABCE	57.BE	58.AB	59.BCDE	60.AE
61.ABCD	62.ABDE	63.ABCE	64.ABCE	65.BC
66.ACE	67.ABCD	68.ABDE	69.BCD	70.ABCD
71.ABCD	72.ABCD	73.ABC	74.ABC	75.ABC

76.AB	77.ABC	78.ABCDE	79.CD	80.ABCD
81.ABCDE	82.ABC	83.ABCDE	84.ACD	85.CDE
86.ABCE	87.BCD	88.ABCDE	89.ABD	90.ABE
91.ABDE	92.BCDE	93.ABCDE	94.BCD	95.ABDE
96.ABCDE	97.ABE	98.DE	99.ABC	100.ABCD

三、判断题

1.×	2.√	3.×	4.√	5.×
6.√	7.×	8.×	9.√	10.√
11.√	12.√	13.×	14.√	15.√
16.√	17.√	18.√	19.√	20.×
21.√	22.×	23.×	24.√	25.√
26.√	27.√	28.√	29.√	30.×
31.×	32.×	33.×	34.×	35.×
36.√	37.×	38.×	39.√	40.×
41.√	42.√	43.×	44.×	45.×
46.√	47.×	48.×	49.×	50.√
51.×	52.√	53.×	54.√	55.√
56.√	57.√	58.√	59.√	60.×
61.×	62.×	63.×	64.√	65.√
66.×	67.×	68.×	69.√	70.×
71.×	72.√	73.×	74.×	75.√
76.√	77.√	78.√	79.√	80.×
81.√	82.√	83.√	84.×	85.√
86.×	87.√	88.√	89.×	90.×
91.√	92.×	93.√	94.√	95.×
96.√	97.×	98.√	99.√	100.×
101.√	102.√	103.×	104.×	105.√
106.√	107.×	108.√	109.×	110.×
111.×	112.×	113.×	114.√	115.×
116.√	117.×	118.√	119.×	120.×
121.√	122.√	123.√	124.×	125.√
126.√	127.×	128.√	129.×	130.√
131.√	132.√	133.×	134.×	135.√
136.×	137.√	138.×	139.√	140.×
141.√	142.√	143.√	144.×	145.√
146.√	147.×	148.√	149.√	150.√
151.√	152.×	153.×	154.×	155.√
156.×	157.×	158.×	159.√	160.×

161.×	162.√	163.√	164.×	165.×
166.√	167.√	168.√	169.×	170.√
171.√	172.×	173.×	174.×	175.√
176.√	177.×	178.×	179.×	180.×
181.√	182.×	183.√	184.×	185.√
186.×	187.×	188.√	189.√	190.√
191.√	192.√	193.√	194.×	195.×
196.√	197.√	198.×	199.×	200.×
201.√	202.√	203.√	204.×	205.×
206.×	207.×	208.√	209.×	210.√
211.√	212.√	213.×	214.√	215.√
216.√	217.×	218.√	219.√	220.×
221.√	222.√			

四、简答题

1. 答：引发地下燃气设施事故的主要因素是管道腐蚀、第三方施工破坏（外力破坏）、设施设备自身故障、运行管理失误等。

2.答：

带巡查图是为了帮助巡查员了解：

（1）辖区内燃气管道的位置、管径大小、管道材质；

（2）燃气管网系统设施（如阀室、阀井）的位置；

（3）燃气管网系统曾进行维修、碰口等抢维修工程的位置和时间。

3.答：

常用的工具主要有手持可燃气体检测仪（俗称黄枪）、装有检漏液的喷壶、阀门操作杆、翻盖钩、管钳、活动扳手、老虎钳、螺丝刀、剪刀、卷尺、喷漆、警戒带等。

4.答：

（1）查看第三方施工是否在燃气管道安全控制范围；

（2）观察第三方施工时有无造成燃气管道裸露的现象；

（3）观察第三方施工时有无造成燃气管道悬空或者损坏的现象；

（4）观察有无造成燃气管网上的警示标志、管道示踪标志及燃气管道保护盖板等附件的损坏；

（5）观察并判断施工中有无可能导致安全隐患发生的野蛮施工行为；

（6）观察并判断第三方施工单位有否对道路进行临时性降土或永久性降土造成燃气管道埋深过浅；

（7）观察并判断第三方施工单位施工是否对聚乙烯燃气管道造成影响。

5.答：

施工方现场施工已造成燃气泄漏，巡查员应协同施工现场负责人立即疏散现场人员，在无燃气泄漏区域向调度中心及110报警。设立警戒线（能闻到燃气味区域均应在警戒范围内，警戒范围内不得有人员），防止警戒区域里产生明火，切断电源、禁止使用电话在内的电子设备,禁止车辆通行,等待抢修人员到场,并配合抢修人员进行抢修。

6.答:

主要有直连法和感应法两种。

7.答:

管线探测仪接收机数据设定方法:

(1)将接收机的灵敏度(信号增减益度)调到合适的数值(24~34 dB,三分之一刻度左右);

(2)接收机和发射机使用相同的频率,接收机选用峰值模式。

8.答:

(1)监管不到位;

(2)施工作业条件达不到要求;

(3)受第三方破坏;

(4)自然灾害造成。

9.答:

(1)进行燃气泄漏探测工具及资料准备;

(2)对燃气泄漏点进行普查;

(3)进行乙烷分析;

(4)确定漏气范围,打孔探测;

(5)进行燃气泄漏处理。

10.答:

地下燃气管道泄漏检查应符合下列规定:

(1)高压、次高压管道每年不得少于1次;

(2)聚乙烯塑料管或者设有阴极保护的中压钢管,每2年不得少于1次;

(3)铸铁管道和未设阴极保护的中压钢管,每年不得少于2次;

(4)新通气的管道应在24小时之内检查1次,并应在通气后的第一周进行1次复查。

11.答:

(1)地上可燃气的干扰;

(2)下水道等地沟沼气的干扰;

(3)相邻管道漏点的干扰。

12.答:

(1)从公众、公安局或者有关机构得到气体泄漏报警;

(2)发现任何气体泄漏迹象;

(3)有迹象显示楼宇内或者楼宇下有燃气的积聚;

(4)有迹象显示电信线套筒、井室或地下空洞内有燃气积聚。

13.答:

抢修作业时应按照以下原则和优先顺序进行:

(1)保障生命安全;

(2)控制气体泄漏及抢险;

(3)保障财产安全；

(4)确定泄漏起因并填写抢险作业单。

14.答：

(1)无泄漏事故；

(2)轻微泄漏；

(3)大量泄漏或者管道破裂。

15.答：

抢修队员到达现场后，要进行人员分工，主要内容包括阀门控制，现场浓度检测，安全警戒及疏散，其他做好作业前的各项安全防护措施。

16.答：

管网抢修人员到达事故现场，主要采用浓度检测仪直接检测和打探孔浓度检测两种方法。

17.答：

抢险队员到达现场后，司机将抢修车停在既不影响交通又方便抢险的位置，所有抢修车辆都应停放在施工安全区外的指定位置，车头朝向与疏散方向一致。

18.答：

抢修机具从车上卸下后应放在施工安全区内距离泄漏点 5 m 外并要在上风口。发电机应放在施工安全区以外并在上风口。

19.答：

当出现下列情况之一时，应立即对事故管段进行降压：

(1)泄漏气体浓度到达爆炸下限 20%，且在不断升高；

(2)泄漏气体浓度不断升高，防碍抢险工作的开展；

(3)电缆井、电讯井里浓度上升速度较快；

(4)其他需要降压的紧急情况。

20.答：

进入抢修作业区的人员应严格按照规定穿防静电服、带防护用具，包括衬衣、裤均应是防静电的。不得在作业区内穿、脱防护用具(包括防护面罩及防静电服、鞋)，以免穿、脱防护用具时产生火花，作业现场人员还应相互监护。

21.答：

管道断裂后，截断两端的阀门，暂时管道停输，控制局势。两端进行停输封堵作业，切除断裂管道，采用卡具实施新旧管道连头，尽快恢复供气，随后使用不停输封堵技术进行损坏段的更换。

22.答：

管道放散点应选择在地势开阔、通风及人员稀少地带，避开居民住宅、明火、高压架空线等场所。

23.答：

主要有以下几种原因：

(1)燃气管道与其他非保护管道或者地下金属构筑物发生电接触；

(2)防腐层破损或者老化严重；

(3)绝缘法兰电阻值未达到规定要求；

(4)阳极与管体间断路(包括钢芯与电缆连接处、电缆与管体连接处、电缆与测试桩连接处、电缆本体)。

24.答：

破损点的开挖验证有如下几种方法:高压电火花检测法;镜面反照法;湿布手工触摸法;泥土再测电位法。

25.答：

防腐层破损点检测主要有电火花检漏和人体电容法检漏两种方法。

26.答：

对埋地钢管防腐层的技术要求是:绝缘性能好,与钢管黏结性好,防水性和化学稳定性好,抗生物侵蚀,有足够的机械强度和韧性,材料和施工费用低,施工方便等。

27.答：

正确地选择沟槽的开挖断面,可以减少土方工程量,便于施工,确保安全。

(1)当土壤为黏性土时,由于它的抗剪强度以及颗粒之间的黏结能力都比较大,则可选择直槽式,城市中一般采用直槽。

(2)砂性土壤由于颗粒之间的黏结能力较小,在不加支撑的情况下,只能采用梯形槽的形式。

(3)当沟槽深而土壤条件许可时,则可选用混合槽的形式。在郊区野外地带常用这种形式。

(4)当两根或多于两根管道同沟敷设而标高不相同时,则采用联合槽的形式。

28.答：

补偿器是调节管道胀缩与阀门拆卸和检修方便的设备,常安装在阀门的下侧(接气流方向)。

29.答：

闸板阀、旋塞阀、截止阀、球阀。

30. 答：

(1)确认用户设施完好。

(2)管道不应被擅自改动或作为其他电器设备的接地线使用,应无锈蚀、重物搭挂,连接软管应安装牢固且不应超长及老化。阀门应完好有效。

(3)用气设备应符合安装、使用规定二。

(4)不得有燃气泄漏。

(5)用气设备前燃气压力应正常。

(6)计量仪表应完好。

31.答：

正常情况下高压、次高压管道每 3 年进行 1 次,中压管道每 5 年进行 1 次,低压管道每 8 年进行 1 次。上述管道运行 10 年后,检测周期分别为 2 年、3 年、5 年。

32. 答：

(1)钻孔查漏;
(2)地下管线的井、室检查;
(3)挖掘探坑;
(4)植物生态观察;
(5)利用凝水缸的排水量判断检查;
(6)仪器捡漏。
33.答:
(1)对商业用户、工业用户、采暖等非居民用户每年检查不得少于1次;
(2)对居民用户每2年检查不得少于1次。
34.答:
(1)泄漏检测;
(2)管道与土壤电位差检测;
(3)绝缘法兰的检测;
(4)管道绝缘层的检测。
35. 答:
主要是指钢管的切割、调直、整圆、套丝、煨弯和制作异形管件以及铸铁管的切割、开孔等。